DIE DRUSENMINERALIEN

DIE

DRUSENMINERALIEN

DES

STRIEGAUER GRANITS.

VON

DR. ARTHUR SCHWANTKE.

LEIPZIG,

VERLAG VON VEIT & COMP.

1896.

Druck von Metzger & Wittig in Leipzig.

Vorwort.

Die Mineralien der Drusenräume des Striegauer Granits haben seit der Bearbeitung im Jahre 1868 durch Ewald Becker (Über das Mineralvorkommen im Granit von Striegau, insbesondere über den Orthoklas und den dunkelgrünen Epidot; Inaug.-Diss. Breslau) keine zusammenfassende Darstellung erfahren. Seit dieser Zeit hat die Kenntnis der Mineralien von Striegau (besonders durch die Arbeiten von Websky, Hintze und Traube) so bedeutende Fortschritte gemacht, daß eine Zusammenstellung aller bisher über dieses so hervorragend interessante Mineralvorkommen an verstreuten Stellen publizierten Beobachtungen erwünscht erscheint. Gleichzeitig ist aber eine derartige Zusammenfassung, geprüft und ergänzt durch eigene Beobachtungen in dem durch Steinbrüche vorzüglich aufgeschlossenen Gebiet, die notwendige Vorbedingung und Grundlage zu einer bisher völlig fehlenden Darstellung der paragenetischen Verhältnisse der Striegauer Drusenmineralien, wie sie im zweiten Teile der vorliegenden Arbeit versucht wird.

Breslau, im September 1896.

Der Verfasser.

Inhalt.

Geographisch-geologische Übersicht.

Litt.: SCHULZE, LEONHARD's Taschenb. 1811. S. 105. — JAEKEL, Jahresber. d. schles. Ges. 1853. S. 59; 1857. S. 31. — SADEBECK, Jahresber. d. schles. Ges. 1864. S. 22. — ROTH, Erläuterungen zur geogn. Karte vom niederschl. Geb. Berlin 1867. — Ders., Allgem. u. chem. Geologie. Berlin 1890. III. S. 128. — BECKER, Inaugural-Dissert. Breslau 1868. — GÜRICH, Erl. zu d. geol. Übersichtskarte v. Schles. Breslau 1890. — Technische Notizen in: KOCH, Die natürlichen Bausteine Deutschlands. Berlin 1892.

Das Granitmassiv zwischen Striegau und Jauer hat ungefähr die Gestalt eines sehr stumpfwinkeligen Dreiecks. Die südwestliche Grenze, die größte Seite, geht von Gräben bei Striegau über Eisdorf und Bohrauseifersdorf bis an die Neiße bei Girlachsdorf, von da am rechten Ufer bis südlich von Tschirnitz. Jenseits der Neiße setzt sich ein Sporn bis zum Galgen- und Rennerberge bei Poischwitz fort. Die nördliche Grenze verläuft von Tschirnitz über Kalthaus und die Groß-Rosener Berge bis Gutschdorf. Die dritte, östliche Seite des Dreiecks ist etwas unregelmäßiger; von Gutschdorf wendet sie sich zunächst nach Süden bis Fehebeutel. Zwischen diesem Orte und Nieder-Streit springt das Diluvium bis Pilgramshain vor. Von Nieder-Streit aus tritt die Grenze des Granits kurz vor dem Bahnhof Striegau an die Bahnlinie heran und verläuft von da in annähernd südwestlicher Richtung über Striegau nach Gräben. Östlich ist dem Granit ein kleiner Zug, der sich vom Streitberge bis Järischau erstreckt, vorgelagert.

Die höchsten Erhebungen des ganzen Gebietes sind der Streitberg von 349 m und die Tschechenberge bei Girlachsdorf von 320 m Höhe.

Durch Steinbrüche ist der Granit an folgenden Punkten aufgeschlossen: bei Striegau am Windmühlen- und Schießberge; zwischen dem Bahnhof Striegau und dem Spitzberge; westlich von Gräben in den Fuchsbergen; zwischen Striegau und Pilgramshain in den Pilgramshainer Brüchen; bei Häslicht; bei Bohrauseifersdorf; bei Dätzdorf; bei Girlachsdorf; am Galgen- und Rennerberge bei Poischwitz; am Charlottenberge bei Tschirnitz; zwischen Kalthaus und Tschirnitz (zu Kalthaus gehörig); bei Groß-Rosen; am Streitberge und in den Järischauer Bergen.

Bei Striegau sind durch den Granit die Basalte des Breiten Berges und der Spitzberge (353 m hoch) hindurchgedrungen, desgleichen der Basalt des Brechelsberges zwischen Pilgramshain und Eisdorf. Der Kontakt mit dem Granit ist am Kreuzberge und am Breiten Berge zu beobachten; der Granit ist an beiden Stellen vollkommen verwittert.

Im Osten ist dem Granit zwischen Järischau und Kohlhöhe nördlich vom Streitberge der Thonschiefer vorgelagert. Am Streitberge ist derselbe im Kontakt mit dem Granit in Hornfels umgewandelt, der zuerst von Gürich und Liebisch aufgefunden wurde. Weiter nach Järischau hin treten Knotenthonschiefer und Andalusitschiefer auf. Bei Järischau steht Thonschiefer mit unbedeutenden Kalkeinlagerungen an. Ebenso bei Kohlhöhe. Zwischen Kohlhöhe und dem Streitberge sah ich wieder Hornfels anstehend. Auch in den Ritterbergen östlich von Striegau und Gräben findet sich Thonschiefer anstehend (von Roth noch nicht angegeben); erst Websky (Tscherm. min. Mitth. 1872) machte auf ihn aufmerksam. Im Westen ist dem Granit bei Ober-Poischwitz und Klonitz Thonschiefer vorgelagert. Kontaktwirkungen konnte ich hier nicht feststellen.

Der Granit des ganzen Gebietes ist mittelkörnig bis feinkörnig und hellfarbig. Er besteht aus weißem Feldspat (vorherrschend Kalifeldspat, untergeordnet Plagioklas), grauem Quarz und schwarzem Magnesiaglimmer. Kaliglimmer fehlt fast vollkommen (nur als Seltenheit wurde er von Traube beobachtet), so daß das Gestein nach der üblichen Nomenklatur als Granitit zu bezeichnen wäre. Es soll indessen hier durchweg der einfache Name Granit beibehalten werden. Eine Analyse des Granits vom Streitberge wurde von Streng (Pogg. Ann. XC. S. 122) 1853 mitgeteilt. Die Mineralien, welche sich als accessorische Gemengteile im Granit (meist sehr selten) finden, sollen bei der Übersicht der Drusenmineralien mit genannt werden.

Der Granit zeigt eine ausgezeichnete Absonderung und läßt sich darum vorzüglich zu Werkstücken verarbeiten.[1]

In dem Granit treten von der normalen Ausbildung abweichend folgende Bildungen auf: basische Konkretionen, Schlieren, Gänge und die pegmatitischen Ausscheidungen. Die basischen Ausscheidungen enthalten hauptsächlich Biotit, bisweilen auch Hornblende und Erze. Sie sind in der Regel von geringer Größe. Die Schlieren unterscheiden sich von dem Hauptgestein durch eine abweichende Gesteinszusammensetzung, indem in der Regel der Glimmer zurücktritt oder verschwindet und der Feldspat vorherrscht. Während diese Schlieren immer größere oder kleinere abgeschlossene Partien im Gestein bilden, die sich höchstens nach der Tiefe fortsetzen (je nachdem sie eigentliche schlierige Bildungen oder Nachschübe sind), so durchsetzen die Gänge den ganzen Bruch. Sie sind meist schmal und zeigen ein vertikales Einfallen, ihr Streichen geht einer der Spaltrichtungen des Gesteins parallel. Sie sind von dreierlei Art. Entweder sind es feinkörnige Gänge, in der

[1] Das Gestein spaltet nach drei, in der Regel senkrecht aufeinander stehenden Richtungen. Die eine verläuft horizontal oder schalig parallel der Oberfläche des Lakkolithen (sie wird von den Arbeitern das Lager genannt). Eine zweite geht dazu senkrecht im allgemeinen von Norden nach Süden; die Arbeiter pflegen sie stets zu finden, da sie genau nach der Schneekoppe hinweist (sie heißt Reißabgang); dazu senkrecht steht eine dritte Richtung (der Kopfabgang). Die Dicke der einzelnen Lagen nimmt im allgemeinen nach der Tiefe hin zu. Auf die ausgezeichnete bankige Absonderung des Striegauer Granits machte schon Schulze (Leonh. Taschenb. 1811. S. 105) aufmerksam.

Gesteinsbeschaffenheit den Schlieren ähnlich, indem der Glimmer zurücktritt oder verschwindet und der Feldspat vorherrscht (aplitische Gänge), oder es finden sich Gänge von Flußspat und Erzen, während der Quarz zurücktritt, oder es sind reine Quarzgänge, die nur bisweilen Erze enthalten. Die pegmatitischen Ausscheidungen bestehen hauptsächlich aus Feldspat und Quarz, bisweilen sind größere Tafeln von Glimmer eingeschlossen. Der Feldspat herrscht bedeutend vor. Meist enthalten diese pegmatitischen Ausscheidungen jene Hohlräume, in denen sich die zahlreichen Drusenmineralien abgesetzt finden. Zuweilen fehlen auch solche Drusen, ohne daß der Pegmatit seine Beschaffenheit ändert. Die Stärke der pegmatitischen Drusenwandungen ist sehr verschieden.

Ein Versuch, die Entstehung dieser Drusen und die Bildung ihrer Mineralien zu erklären, muß von der Betrachtung der einzelnen Mineralien ausgehen. Die Aufgabe des zweiten Teiles der Arbeit wird es dann sein, die paragenetischen Beziehungen der einzelnen Mineralien darzulegen, um aus dieser Betrachtung heraus eine Erklärung für die Entstehung der Drusen und der Bildung ihrer Mineralien zu gewinnen.

Übersicht der Mineralien in genetischer Reihenfolge.

1. Biotit.

Litt.: TRAUBE, Die Minerale Schlesiens. Breslau 1888. S. 97. — HINTZE, Handbuch d. Mineralogie. Zweiter Band. Leipzig 1891. S. 556.

Der Biotit erscheint als Gemengteil des Granits in Gestalt von Tafeln und Leisten von schwarzer Farbe.

TRAUBE beobachtete größere dünne Tafeln in den felsitischen Bildungen im Granit des Streitberges, sowie bis 5 cm große Knollen im Granit der Fuchsberge. An der nördlichen Seite des Streitberges fand ich große Tafeln von teilweise zersetztem Biotit nebst großen Feldspäten in dichtem Quarz eingeschlossen. Mit den an dieser Stelle gesammelten Stücken stimmt ein in den Fuchsbergen gefundenes Stück des Breslauer Museums überein, das einen ca. 6 qcm großen und 1 cm dicken, noch frischen Biotit von schwarzer Farbe enthält. In pegmatitischen Ausscheidungen im Granit der Fuchsberge und von Pilgramshain kommen große Tafeln und Knollen von Biotit vor, zum Teil mit deutlicher Begrenzung. Desgleichen im Granit von Tschirnitz, seltener in Kalthaus. Noch zahlreicher treten diese Individuen in den pegmatitischen Ausscheidungen des Galgenberges bei Poischwitz auf. Die begrenzenden Flächen derselben ergaben sich durch ihre Lage zur optischen Axenebene als Gleitflächen.

Der Winkel der optischen Axen zeigte sich an Biotiten des Galgenberges schwankend; im allgemeinen scheint er an den am dunkelsten gefärbten Blättchen am kleinsten zu sein.

Der scheinbare Axenwinkel in Luft wurde an einem grünlichen Blättchen dieses Fundorts gemessen für

Li-Licht $2E = 14^\circ 11'$
Na-Licht $2E = 15^\circ 03'$
Tl-Licht $2E = 15^\circ 40'$.

Ein dunkelbraun gefärbtes Blättchen ließ bei gekreuzten Nicols überhaupt keine deutliche Öffnung der Kreuzesarme wahrnehmen.

In Drusenräumen ist der Biotit niemals frisch. Der Glimmer ist fast stets völlig durch Zersetzung zerstört, und auch wenn sich bisweilen in Quarz und Feldspat eingewachsen noch centimetergroße und -dicke Individuen finden, so sind diese durch und durch spröde und zersetzt und zu jeder optischen und goniometrischen Messung ungeeignet.

Das Produkt dieser Zersetzung des Biotits ist wohl auch der „feinschuppige Glimmer von brauner Farbe", den Traube erwähnt (wenn hier nicht eine Verwechselung mit Aphrosiderit vorliegt).

In den aplitischen Gängen, besonders in Häslicht und Groß-Rosen, die im übrigen fast glimmerfrei sind, finden sich bisweilen zwischen Erzen kleine, meist nicht über erbsengroße Körner eines schwarzen Glimmers, der sich als zersetzter Biotit erweist.

Fundorte: Streitberg, Fuchsberge, Pilgramshain, Tschirnitz, Poischwitz — Groß-Rosen, Häslicht.

Über Phlogopit vergl. S. 33.

2. Hornblende.

Litt.: G. Rose, Ztschr. d. d. geol. Ges. 1849. I. S. 359. — Fiedler, Die Mineralien Schlesiens. Breslau 1863. S. 40. — Becker, Inaug.-Dissert. Breslau 1868. S. 2. — Traube, Die Minerale Schlesiens. Breslau 1888. S. 7. — Roth, Geologie. Berlin 1890. III. S. 478. — Hintze, Ztschr. für Krystall. u. Miner. XIII. S. 161. — Ders., Handbuch d. Mineralogie. Zweiter Band. Leipzig 1894. S. 1208.

In Drusenräumen wurde die Hornblende bisher nur von Hintze beobachtet. Er fand in einem Drusenraume des Granits der Fuchsberge, aus dem er zuerst die Zinkblende beschrieb, neben Albit und Kalifeldspat auch reichlich Hornblende. In einem kleinen Hohlraume im Granit von Pilgramshain sah ich strahlige Büschel von Hornblende zwischen Feldspat und Quarz sitzend, von einer dünnen Schicht von Strigovit überzogen.

Im Granit findet sich die Hornblende zum Teil eingesprengt in Krystallen der Kombination (110) (100) (010) (001); bisweilen in größerer Zahl, indem der Glimmer zurücktritt, oder in schlierenförmigen Nestern, die einen Durchmesser bis 5 cm erreichen.

Fundorte: Mühlberg — Fuchsberge — Pilgramshain — Häslicht — Bohrauseifersdorf.

3. Granat.

Litt.: Roth, Erläuterungen z. geogn. Karte. Berlin 1867. S. 55. — Becker, Inaug.-Dissert. Breslau 1868. S. 8. — Websky, Ztschr. d. d. geol. Ges. 1876. XXVIII. S. 419. — Hintze, Handbuch d. Min. Leipzig 1889. S. 53. — Traube, Die Min. Schlesiens. Breslau 1888. S. 105.

Aus den eigentlichen Drusenräumen des Striegauer Granits ist mir ein Vorkommen von Granat nicht bekannt. Die Granaten treten entweder im Granit selbst eingewachsen oder in den aplitischen Gängen auf.

In dem Granit des Streitberges fanden sich radialstengelige Massen eingeschlossen. Desgleichen bis 1 cm große Krystalle von der Form (211).

Weitaus häufiger ist das Vorkommen der Granaten in aplitischen Gängen. In diesen sind die Granaten, die durchweg die Form (211) zeigen, meist im dichten Gestein eingesprengt. Die Krystalle erreichen bisweilen einen Durchmesser von 1 cm. In den Fuchsbergen fand Vogdt im Jahre 1887 in einem solchen Gange einen kleinen Drusenraum mit schönen roten Granaten. Auf einer daher stammenden Stufe der Breslauer Sammlung zeigt ein Krystall neben der herrschenden Form (211) auch untergeordnet (110). Dieses Vorkommen ähnelt, wie schon Websky hervorhob, sehr dem von

Elba. Da die Granaten dort Manganthongranaten sind, so lag die Vermutung nahe, daß wir es auch hier in Striegau mit solchen zu thun haben; die chemische Probe ergab in der That einen hinreichenden Mn-Gehalt. Eine genaue Analyse konnte wegen der Unzulänglichkeit des Materials nicht angestellt werden.

Fundorte: Streitberg — Fuchsberge.

4. Orthit.

Litt.: FIEDLER, Die Min. Schlesiens. Breslau 1863. S. 38.[1] — ROTH, Erl. z. geogn. Karte. Berlin 1867. S. 55. — BECKER, Inaug.-Dissert. Breslau 1868. S. 8. — WEBSKY, Ztschr. d. d. geol. Ges. 1879. XXXI. S. 211. — TRAUBE, Die Minerale Schles. Breslau 1888. S. 153. — HINTZE, Handbuch d. Mineralogie. Leipzig 1890. S. 264.

BECKER beobachtete den Orthit als große Seltenheit in Kalifeldspat eingewachsen. WEBSKY fand in den Fuchsbergen solche dichte Körner zusammen mit Pyrit, Magneteisen, Fergusonit und Malakon in körnigem Aphrosiderit. TRAUBE erwähnt schwarze Körner von Orthit aus pegmatitischen Ausscheidungen. In Kalthaus fand ich zusammen mit Quarz in Albit eingewachsen dichte, schwarze Körner von Orthit. (Dieselben stimmen ganz mit den in der Breslauer Sammlung befindlichen Stücken WEBSKY's überein und sind auch ihrer Härte nach mit ziemlicher Sicherheit als Orthit zu bezeichnen.)

Als Einsprengung in Granit (in kleinen derben Partieen) wird der Orthit schon von ROTH und FIEDLER (?) angegeben.

Fundorte: Mühlberg (WEBSKY) — Streitberg (TRAUBE) — Kalthaus.

5. Zirkon (Malakon).

Litt.: WEBSKY, Jahresber. d. schles. Ges. 1870. S. 43. — Ders., Ztschr. d. d. geol. Ges. 1879. XXXI. S. 211; 1882. XXXIV. S. 814. — v. CHRUSTSCHOFF, TSCHERM. Min. Mitt. 1886. 7. S. 431. — TRAUBE, Die Min. Schles. Breslau 1888. S. 243.

[1] FIEDLER erwähnt auch Ztschr. d. d. geol. Ges. 1859. Ich konnte indessen außer der Erwähnung des Orthit im Granit überhaupt auf S. 332 in diesem Bande keine diesbezügliche Angabe finden.

v. CHRUSTSCHOFF beobachtete den Zirkon als Gesteinsgemengteil in Gestalt farbloser Krystalle, die durchschnittlich 0,11 mm lang, 0,3 mm breit, 0,02 mm dick waren, entweder lang prismatisch nach (110) mit (111) (311), oder kurzprismatisch von der Kombination (111) (100) (110) (311), selten (331), mit vorherrschendem (311). Auch eine (vielleicht zwillingsartige) Durchdringung zweier Individuen mit einer Neigung der Hauptaxen zu ca. 40 bis 50 Grad war zu beobachten; ebenso Hohlräume oder Einschlüsse von Flüssigkeit und unbestimmbaren Nadeln von begleitenden Mineralien (vielleicht Apatit?). TRAUBE fand als Einschlüsse im Granit meist zu Malakon zersetzte, selten frische, glänzende, bis 2 mm große, graugrüne bis gelbliche oder braunrote Kryställchen, welche die Kombination (100) (111) erkennen ließen. Am häufigsten traten solche Einschlüsse am Rande der Drusenräume auf.

WEBSKY beschrieb das Mineral aus Drusenräumen, wo er es in Aphrosiderit und Strigovit eingeschlossen beobachtete, in der Form von lederbraunen Krystallen, einmal auch als einen dunkelbraunen, glänzenden Krystall von Zirkonform, der in Kalifeldspat eingeschlossen war. In der Sitzung der deutschen geologischen Gesellschaft vom 1. November 1882 wurde darauf aufmerksam gemacht, daß man wegen der eigentümlich rissigen Oberfläche der Malakonkrystalle vielleicht auf Alvit, der der Verwitterung leichter zugänglich ist, schließen könne.

Fundorte: Fuchsberge — Pilgramshain.

6. Titaneisen.
7. Rutil.
8. Anatas.

Litt.: v. CHRUSTSCHOFF, TSCHERM. Min. Mitt. 1886. 7. S. 431.

Die genannten drei Mineralien wurden durch v. CHRUSTSCHOFF als Einschlüsse im Granit der Fuchsberge (die beiden letzteren sehr selten) beobachtet.

9. Fergusonit.

Litt.: Websky, Ztschr. d. d. geol. Ges. 1879. XXXI. S. 211. — Traube, Die Min. Schles. Breslau 1888. S. 86.

Websky fand kleine, äusserlich gelbbraune Säulen von Fergusonit zusammen mit Pyrit, Magnetit, Malakon und Orthit in körnigem Aphrosiderit eingewachsen. Traube beobachtete ziemlich häufig bis 1 cm große, strahlenförmige Büschel braunroter, lang ausgezogener Pyramiden in Kalifeldspat eingewachsen.

10. Magnetit.

Litt.: Websky, Ztschr. d. d. geol. Ges. 1878. XXX. S. 370; 1879. XXXI. S. 211. — v. Chrustschoff, Tscherm. Min. Mitt. 1886. 7. S. 431. — Traube, Die Min. Schles. Breslau 1888. S. 137.

Der Magnetit wurde von Websky als Einschluß in basischen Schlieren und in Drusenräumen in körnigem Aphrosiderit beobachtet. Auf einer Stufe des Breslauer Museums ist ein größeres Individuum, an dem man auch die Oktaëderflächen wahrnehmen kann, in Feldspat eingewachsen. In Tschirnitz fand ich dichtes Magneteisen als Einschluß im Feldspat der Drusenwandung. v. Crustschoff beobachtete den Magnetit zusammen mit Zirkon, Titaneisen, Rutil und Anatas als mikroskopischen Einschluß im Granit der Fuchsberge.

Fundorte: Fuchsberge — Tschirnitz.

11. Kupferkies.

Litt.: Websky, Ztschr. d. d. geol. Ges. 1878. XXX. S. 370. — Traube, Die Min. Schles. Breslau 1888. S. 60.

Von Websky wurde der Kupferkies als Einschluß in basischen Schlieren im Granit beobachtet. Zimmermann fand ihn in den Fuchsbergen als Einschluß im Feldspat einer

Drusenwandung. Auf Quarz- und Flußspatgängen sah ich Kupferkies häufig dicht eingesprengt mit Pyrit zusammen. In Häslicht fand ich deutliche Krystalle der gewöhnlichen Kombination des positiven und negativen Sphenoides (111) $(1\bar{1}1)$.

Fundorte: Fuchsberge — Streitberg — Groß-Rosen — Häslicht.

12. Magnetkies.

Litt.: Traube, Die Min. Schles. Breslau 1888. S. 190.

Auf einer Stufe des Breslauer Museums aus den Fuchsbergen findet sich als Seltenheit Magnetkies neben Molybdänglanz.

13. Molybdänglanz.

Litt.: Traube, Die Min. Schles. Breslau 1888. S. 145.

Der Molybdänglanz erscheint in feinen, biegsamen Blättchen, bisweilen mit rosettenförmiger Anordnung, als Einsprengung im Granit, selten in der Feldspatausscheidung der Drusenwandung. Weit häufiger ist er aber als Einsprengung in den aplitischen Gängen zu beobachten.

Fundorte: Fuchsberge — Streitberg — Häslicht — Poischwitz.

14. Arsenkies.

Litt.: Websky, Ztschr. d. d. geol. Ges. 1878. XXX. S. 370. — Traube, Die Minerale Schles. Breslau 1888. S. 20.

Websky beobachtete den Arsenkies als Einschluß in basischen Schlieren mit reichlicher Biotitausscheidung. Traube fand im Berliner Universitäts-Museum kleine Kryställchen in Aphrosiderit eingewachsen. Zimmermann sandte im Jahre 1891 an das Breslauer Museum „aus dem Granit von Striegau" deutliche Krystalle der gewöhnlichen Kombination (100) (014), die, wie es scheint, im Feldspat eingewachsen waren. Ich beobachtete den Arsenkies auf den Flußspatgängen in Häslicht als feine, dichte Einsprengung mit Kupferkies und Pyrit zusammen.

Fundorte: Fuchsberge — Häslicht.

15. Pyrit.

Litt.: GROTH, Die Min.-Samml. d. Kaiser-W.-Univ. Straßburg. 1878. S. 53. — WEBSKY, Ztschr. d. d. geol. Ges. 1878. XXX. S. 370; 1879. XXXI. S. 211. — TRAUBE, Die Min. Schles. Breslau 1888. S. 181.

Der Pyrit findet sich eingesprengt im dichten Granit. WEBSKY beobachtete ihn in basischen Schlieren mit überwiegendem Magnesiaglimmer, wie ich sie besonders in dem Bruche des Herrn RIEMER in Häslicht sehen konnte. Pyrit kommt ferner eingewachsen in den pegmatitischen Ausscheidungen und dem Feldspat der Drusenwände vor; selten ist er auf den Drusenfeldspat aufgewachsen. Eine Stufe des Breslauer Museums zeigt einen Würfel auf der P-Fläche des Kalifeldspates sitzend. TRAUBE beobachtete in Drusenräumen zusammen mit Bleiglanz Krystalle der Kombination (100) (210) (421), die in seltenen Fällen mit einem Überzuge kleiner Rhomboëder von dunkelbraunem Chabasit bedeckt waren. WEBSKY fand den Pyrit in Aphrosiderit eingeschlossen. Weit häufiger tritt derselbe dicht und in schönen Krystallen auf Gängen auf, in denen er zuweilen eine ziemliche Mächtigkeit erreicht. Die Krystalle zeigen die Flächen (100) (111) (210) (421). Meist herrscht der Würfel vor, oft ist auch das Pyritoëder herrschend ausgebildet. Als große Seltenheit fand ich in einem Quarzgange in Groß-Rosen, auf einem Quarzkrystalle sitzend, zwei kleine Krystalle von Pyrit, die nur das Oktaëder ausgebildet zeigen. Der Pyrit wird sowohl auf flußspatfreien Quarzgängen als auf Flußspatgängen von anderen Erzen (auf den ersteren Gängen meist nur von Kupferkies) begleitet, indem er meist der Quantität nach überwiegt; oft tritt er auch allein auf.

Fundorte: Fuchsberge — Pilgramshain — Groß-Rosen — Häslicht.

16. Bleiglanz.

Litt.: WEBSKY, Ztschr. d. d. geol. Ges. 1878. XXX. S. 370. — TRAUBE, Die Min. Schles. Breslau 1888. S. 92.

Der Bleiglanz wurde von WEBSKY als Einschluß in basischen Schlieren mit reichlicher Biotitausscheidung beobachtet. TRAUBE giebt kleine Kryställchen der Kombination (100) (111) aus Drusenräumen an. An einem Stücke des Breslauer Museums ist ein Bleiglanzkrystall in den auf dem Kalifeldspat sitzenden Pyrit eingewachsen. Häufiger findet sich der Bleiglanz in den aplitischen Gängen. In einem solchen Gange der Fuchsberge sah ich in einem kleinen Hohlraume einen Krystall in Kalifeldspat eingewachsen. Als direkten Einschluß im aplitischen Gestein beobachtete ich den Bleiglanz in Häslicht.

Fundorte: Fuchsberge — Häslicht.

17. Zinkblende.

Litt.: HINTZE, Ztschr. f. Kryst. u. Min. XIII. S. 161. (Ref. im N. Jahrb. 1889. I. S. 401). — ROTH, Allgem. u. chem. Geologie. Berlin 1890. III. S. 478. — GOLDSCHMIDT, Index d. Krystallformen. Berlin 1891. III. S. 334. — TRAUBE, Die Min. Schles. Breslau 1888. S. 34.

Im Jahre 1888 wurde die Zinkblende zum ersten Male in einer Druse der Fuchsberge (wie überhaupt als Drusenmineral im Granit) durch HINTZE beobachtet. Er beschrieb von da einen auf Albit sitzenden Krystall von schwarzbrauner Farbe (ähnlich wie von Neudorf am Harz), der ein Tetraëder von 4 mm Kantenlänge darstellte, während das matte Gegentetraëder nur untergeordnet auftrat. Auf den Flächen des ersteren waren in unregelmäßiger Verteilung orientierte oktaëdrische Subindividuen aufgelagert. Diese zeigten auch das Dodekaëder und das Pyramidenoktaëder (331). Die Stufe enthielt außerdem wenig Quarz, Kalifeldspat, reichlich Hornblende, aber keinen Glimmer.

Weit häufiger kommt die Zinkblende auf Gängen vor. Auf einem sehr schmalen Gange in Häslicht fanden sich reichliche Partieen von schwarzer Blende in Form von kleinen Nestern in Quarz eingesprengt, zurücktretend auch Pyrit und Kupferkies.[1]

Fundorte: Fuchsberge — Häslicht.

18. Eisenglanz.

Litt.: Becker, Inaug.-Dissert. Breslau 1868. S. 12. — Groth, Die Min.-Samml. d. Univ. Straßb. 1878. S. 75. — Traube, Neues Jahrbuch. 1887. II. S. 65. — Ders., Die Min. Schles. Breslau 1888. S. 115.

Der Eisenglanz findet sich in dünnen Schuppen oder Tafeln auf Spalten oder Klüften oder in Nestern im Granit, bisweilen auch in den Spalten der Feldspatausscheidungen sitzend. Die Tafeln sind entweder zu dichten, oft beträchtliche Dimensionen annehmenden Aggregaten vereinigt oder gruppieren sich rosettenförmig zu den Eisenrosen ähnlichen Bildungen. Traube beobachtete auch kleine, 2 mm große Tafeln (0001) mit $(10\bar{1}1)$ und $(11\bar{2}0)$; bisweilen (0001) durch $(0.1.\bar{1}.16)$ vertreten. Die Basis zeigte zuweilen eine feine Streifung und eine treppenförmige Absetzung parallel der Kante (0001) zu $(10\bar{1}1)$.

In Quarzkrystallen von Järischau fanden sich kleine Eisenglanzschüppchen eingeschlossen als Absatz auf den Flächen der beiden Rhomboëder. Darüber ist der Quarz weiter gewachsen, hauptsächlich in der Richtung der *c*-Axe, so daß man im Innern der sonst wasserhellen Quarze eine dunkle Pyramide sieht, deren Flächen von kleinen Eisenglanzschüppchen gebildet werden.

Als eigentliches Drusenmineral konnte ich den Eisenglanz nicht beobachten.

Fundorte: Fuchsberge — Pilgramshain — Tschirnitz — Järischau.

---

[1] Paragenetisch gehört dieser Gang entschieden zu den Gängen, die sonst Flußspat enthalten, nicht zu den Quarzgängen.

19. Kalifeldspat.

Litt.: JAEKEL, 31. Jahresber. d. schles. Ges. 1853. S. 59. — Ders., 35. Jahresber. d. schles. Ges. 1857. S. 91. — SOECHTING, Ztschr. d. d. geol. Ges. 1859. XI. S. 174. — FIEDLER, Die Min. Schles. Breslau 1863. S. 38. — BECKER, Inaug.-Dissert. Breslau 1868. S. 14. — GROTH, Die Miner.-Samml. d. Univ. Straßb. 1878. S. 246. — KLIEN, Jahresber. d. schles. Ges. 1878. S. 64. — BEUTELL, Ztschr. f. Kryst. u. Min. VIII. S. 365. — LEMBERG, Ztschr. d. d. geol. Ges. 1883. XXXV. S. 604. — LEHMANN, Jahresber. d. schles. Ges. 1885. S. 92; 1886. S. 120. — GOLDSCHMIDT, Index der Krystallformen. Berlin 1890. II. S. 14. — TRAUBE, Neues Jahrbuch 1887. II. S. 68. — Ders., Die Min. Schlesiens. Breslau 1888. S. 155. — HINTZE, Handb. d. Mineralogie. Leipzig 1895. S. 1335, 1365.

Der Feldspat ist eins der wichtigsten Drusenmineralien des Striegauer Granits. Er findet sich nicht nur in schönen, oft grosse Dimensionen erreichenden Krystallen die Hohlräume auskleidend, sondern ist fast stets der Hauptbestandteil des Gesteins, das die Drusenwandung ausmacht.

Die Farbe des Feldspates ist meist erbsengelb, einzelne Krystalle zuweilen ähnlich denen von Baveno licht fleischrot, andere seltenere von beinahe weißer Farbe. Auch bräunliche Färbungen kommen vor, namentlich an den Karlsbader und Manebacher Zwillingen vom Windmühlenberge. In den Drusen des Charlottenberges bei Tschirnitz, auch im Galgenberge bei Poischwitz, finden sich zuweilen schön grün gefärbte Feldspäte, ähnlich dem Amazonit. JAEKEL erwähnt, aus Bohrauseifersdorf solche grüne Feldspäte, schön hellgrün, dem Chrysopras ähnlich, gefärbt, doch rühre die Farbe nicht von Nickeloxyd, sondern von Eisenoxyd her.[1] Eine strenge Unterscheidung verschieden gefärbter Varietäten nach den Fundpunkten ist indessen ebensowenig durchführbar, als die Festsetzung einer bestimmten vorherrschenden Färbung gewisser Zwillingsbildungen. BECKER beobachtete die Karlsbader Zwillinge meist fleischrot, seltener erbsengelb; ich könnte nach meinen Be-

[1] Die grüne Färbung rührt wahrscheinlich von einer organischen Substanz her. Vgl. HINTZE, Handb. S. 1348 Anm. 1.

obachtungen ebenso gut das Gegenteil behaupten. Beutell giebt an, die Krystalle von Gräben seien weiß, die von den Fuchsbergen blaßrot oder rostbraun gefärbt, doch ist schwer zu verstehen, wie man zwischen Gräben und den Fuchsbergen unterscheiden soll.

Becker betrachtete den Striegauer Feldspat als Orthoklas. Beutell wies dann nach, daß er als Mikroklin im Sinne von des Cloizeaux aufzufassen sei, wogegen sich später Lehmann wandte, der darauf hinwies, daß das Bild der Platten solcher Feldspäte mit dem gewöhnlichen, charakteristischen Bilde der Mikroklinplatten sehr wenig übereinstimme und höchstens auf Grund der nahezu gleichen Auslöschungsschiefe als Mikroklin aufgefaßt werden könne. Bei mikroskopischer Untersuchung erweist sich zunächst der Feldspat in jedem Falle als ein Perthit, d. h. als ein Kalifeldspat, der von Albitlamellen durchsetzt ist. Eine genauere Untersuchung zeigt weiter, daß der Albit in drei Stellungen orientiert ist, nach der Basis und nach den Längsflächen, die symmetrisch zu dieser gruppiert sind, eine Struktur, die schon der Durchschnitt der Albitkruste in der äußeren Begrenzung eines Präparates zeigt. Die Längsflächen zeigen die Auslöschungsrichtung des reinen Albits unter einem Winkel von 19° gegen die Kante *MP*, der durch Beimengung des Kalksilikats etwas kleiner wird. Lehmann vermutet daher, daß der auf Mikroklin bezogene Auslöschungswinkel von 17° denjenigen des Albits auf der Längsfläche darstellt. Er betrachtet deshalb den Mikroklin lieber „gleichsam als Pseudomorphose von Albit nach Orthoklas.“

Analysiert wurde der Striegauer Feldspat von Becker (1), Lemberg (2) und Beutell (3 u. 4):

	SiO^2	Al^2O^3	Fe^2O^3	CaO	MgO	BaO	K^2O	Na^2O	H^2O	Summe
1.	65,56	17,36	0,39	0,54	1,08	0,32	12,29	2,27	—	99,81
2.	65,58	18,52	—	0,23	—	—	12.63	2,76	0,28	100,00
3.	64,73	18,60	0,21	0,18	—	—	14,00	1,92	0,20	99,84
4.	65,28	18,71	0,19	0,30	0,64	—	10,82	3,82	0,25	100,01

Analyse 3 wurde von BEUTELL an einem blaß-fleischroten Krystall aus den Fuchsbergen, Analyse 4 an einem erbsengelben von ebenda vorgenommen. BEUTELL berechnete darnach die Molekularzusammensetzung:

Für 3: 1 Mol. Kalkfeldsp., 21,0 Mol. Natronfeldsp., 115,6 Mol. Kalifeldsp.
„ 4: 1 „ „ 32,25 „ „ 56,43 „ „

Die Magnesia wurde bei der Berechnung als Mg^2SiO^4 eliminiert.

Die Größe der Kalifeldspäte giebt BEUTELL zwischen 1 und 15 cm schwankend an; im wesentlichen richtig, obgleich sich auch viele unter 1 cm große Krystalle finden und einzelne der großen Exemplare noch über die Größe von 15 cm hinausgehen.

BECKER beobachtete die Formen: *T* (110), *M* (010), *P* (001), *x* ($\bar{1}$01), *y* ($\bar{2}$01), *k* (100), *o* ($\bar{1}$11) und an Zwillingen: *α* ($\overline{13}$.1.12), *β* ($\overline{30}$.13.120), *δ* ($\overline{30}$.3.32).

BEUTELL bestimmte ferner: *z* (130) (nicht, wie B. annahm schon von BECKER bestimmt), *ψ* [= *γ* = *δ*] ($\overline{10}$.0.9) und an Zwillingen: *q* ($\bar{2}$03) und *n* (021).

An einem größeren Krystalle aus Pilgramshain fand ich außer *P*, *T*, *x*, *o* noch ein zu *x* schwach geneigtes Hemidoma, dessen Winkel zu *P* vermittelst aufgekitteter Glasplatten = 57° 01′ gemessen wurde. Die daraus sich ergebende Form würde eine Fläche ($\overline{29}$.0.25) sein — der für sie berechnete Winkel beträgt 57° 1′ 12″ —, indessen bei der Ungenauigkeit der Messung ist die Fläche wohl besser als *l* ($\bar{7}$06) (ber. 57° 17′) aufzufassen.

Die am gewöhnlichsten auftretenden Flächen sind *P*, *x*, *m*, *T*, sehr häufig auch *y* und *o*. Nicht selten auch *k* und *z*. BEUTELL erwähnt *n* bei Manebacher Zwillingen als untergeordnet, und bei Karlsbader Zwillingen als gewöhnlich auftretend. Ich konnte sie nur höchst selten beobachten. Sehr schön sah ich sie an einem Drilling nach dem Bavenoer Gesetze ausgebildet. Die größeren Individuen sitzen meist mit den vorderen Flächen auf, so daß *x* und *y* nach vorn gekehrt sind. TRAUBE sagt,

P sei stets „der Drusenwand zugekehrt“; indessen es finden sich die Feldspäte auch anders aufsitzend, so daß es in vielen Fällen schwierig ist, zu entscheiden, ob *P* oder *x* nach der Drusenwand gerichtet ist. *k* ist meist matt, häufig abgerundet und oft wie *T* mit einer Albitkruste überzogen.

Der Kalifeldspat zeigt große Neigung zur Zwillingsbildung. Diese erfolgt meist nach dem Karlsbader oder Bavenoer Gesetz, d. h. nach *k* oder *n*. Seltener sind die Manebacher Zwillinge nach *P*; KLIEN wollte dafür lieber das Gesetz: „Zwillingsaxe die Axe *a*“. [Vgl. NAUMANN, Kryst. 1830. 2. 243. HINTZE, Handb. 1340). Da indessen nie eine Differenzierung der Prismenflächen zu beobachten ist, so läßt sich nicht entscheiden, ob *T* und *T'* oder *T* und *l'* aneinander stoßen.

Die Karlsbader Zwillinge sind meist klein, die Flächen *P* und *x* liegen stets in einer Ebene. Die Zwillinge zeigen meist *P, x, M, T*, häufig auch *k, z, o*, nach BEUTELL auch *n* als gewöhnlich auftretende Fläche. Derselbe beobachtete daneben noch ψ und *q* (er giebt ($\bar{1}02$) an, HINTZE vermutet, daß (203) gemeint sei). Selten entstehen durch Kleinerwerden oder Verschwinden von *M* Zwillinge von Adular-artigem Habitus. Sie lassen meist eine starke Streifung auf *P* und *x* nach der Kante (*P x*) erkennen.

Es ist schwer zu unterscheiden, ob, wie BECKER angiebt, die Karlsbader Zwillinge die häufigsten seien, oder die Bavenoer. Im allgemeinen sind diese vielleicht noch häufiger, doch sitzen die kleinen Karlsbader Zwillinge meist in großer Zahl beisammen.

Die Bavenoer Zwillinge sind meist größer als die Karlsbader und erreichen oft beträchtliche Dimensionen. Sie finden sich zusammen mit einfachen Individuen in größeren, feldspatreichen Drusen. Seltener sitzen sie nach Art der Karlsbader Zwillinge in kleinen Exemplaren in großer Zahl beisammen. Die häufigsten Flächen an ihnen sind *M, P, x, y, o* und *T*, letztere meist mit Albit überzogen. BECKER beobachtete daneben noch schiefe Abstumpfungen der Kanten (*o x*) und ($P\ o$), beides Hemipyramiden, deren Axenschnitte sich nicht näher bestimmen ließen.

Seltener finden sich Zwillinge nach dem Manebacher Gesetz. Sie zeigen meist M, P, x, untergeordnet T und y, seltener z und n. Becker beobachtete diese Zwillinge meist tafelförmig nach P; M und auch besonders T sind meist mit Albit überzogen. M_1 und M_2 fallen stets in eine Ebene. Ein Zwilling aus Pilgramshain zeigt die Flächen P, M, T, x, y und durch ein Übereinandergreifen der beiden Individuen die untere P-Fläche des einen, die mit x des anderen einen stumpfen Winkel bildet.

Nicht selten kommen auch Drillinge, Vier- und Viellinge vor, oft bis zu hoher Zahl der Individuen. Ein Sechzehnling wurde schon 1878 durch v. Lasaulx beobachtet. Becker erwähnt Viellinge, bei denen das Bavenoer Gesetz abwechselnd mit dem Albitgesetz auftritt. Es sind Vier- oder Achtlinge, die durch Herauskehren der Flächen eine quadratische Säule bilden, indem immer P_2 mit P_3, P_4 mit P_5, P_6 mit P_7 und P_8 mit P_1 in eine Ebene fallen. Die Endigung wird von den T-Flächen, die sich zu einer trichterförmigen Öffnung vereinigen, den y-Flächen und den Hemipyramiden α, β, δ, welche die Region der x-Flächen einnehmen, die sie ausschließen, nebst einer vierten nicht näher bestimmbaren gebildet. Auch Beutell beobachtete Achtlinge, deren T-Flächen eine trichterförmige Öffnung bilden. Er beschreibt ferner einen Vierling, bestehend aus zwei Bavenoer Zwillingen, welche die Flächen M_2 und M_3 gemeinsam haben und nach der von diesen gebildeten Fläche symmetrisch liegen. Indem sich damit noch ein zweiter Vierling, der nach der Fläche $M_1 = M_4$ symmetrisch ist, vereinigt, entsteht ein Achtling, wie ihn Beutell nach einem Krystall aus den Fuchsbergen abbildet.

Die Kalifeldspäte pflegen häufig mit Quarz durchwachsen zu sein, der auch bisweilen heraustritt; in diesem Falle sind die Individuen meist parallel gestellt. Sehr viele Kalifeldspäte von einfacher Ausbildung zeigen diese Erscheinung, an Zwillingen konnte ich eine Quarzdurchwachsung nie wahrnehmen. Letztere scheint daher ein Hindernis für die Zwillingsbildung gewesen zu sein.

Nicht selten finden sich Krystalle mit gekrümmten Flächen. Das Breslauer Museum besitzt einige schöne Exemplare aus Pilgramshain. Es sind Bruchstücke großer Kalifeldspäte mit durch Quarz und Albit überheilten Bruchflächen. Die Spaltrisse und die Krümmung der Kanten lassen deutlich erkennen, daß die Krümmung durch mechanische Kraft bewirkt worden ist. Andererseits können auch durch hypoparallele Aneinanderlagerung sehr kleiner Individuen gekrümmte Flächen entstehen. Meist liegen die Individuen in der Richtung der *M*-Flächen aneinander und zeigen nach vorn die *k*-Flächen, die sich vielfach durch Abrundung der Kanten mit *T* zu einer krummen Fläche zusammensetzen. So entstehen bisweilen hahnenkammartige Bildungen, die dann meist mit einer dünnen Schicht von Albit überzogen sind.

Eine Neubildung von Kalifeldspat auf Albit wurde im Jahre 1887 von TRAUBE beschrieben. Er fand in der ZIMMERMANNschen Sammlung auf einem Kalifeldspat auf *T* und *x* jüngere Individuen, wie es sonst beim Albit zu beobachten ist, angesiedelt. Da diese die Kante (*P x*) überwucherten und auf der die *P*-Fläche des alten Kalifeldspates überziehenden Albitschicht aufsaßen, so erwiesen sie sich jünger als der Albit. Die Krystalle zeigten die Kombination *M, l, T, x, n*.

SOECHTING erwähnt einen Einschluß von Feldspat in Quarzkrystallen von Järischau. Die Feldspäte hatten sich auf den Rhomboëderflächen abgesetzt und darüber war frischer Quarz gewachsen. SOECHTING zieht daraus den Schluß, daß diese Feldspäte auf wässerigem Wege entstanden seien. Da er dabei auch von „Adular" redet, so ist wohl kaum festzustellen, ob er Albit oder Kalifeldspat gemeint hat. Für die letztere Annahme könnte die erwähnte leichte Verwitterung des vom Quarz unbedeckten Feldspates sprechen.

Der Kalifeldspat ist der integrierende Bestandteil der

Drusenwand, indem er meist bedeutend über den Quarz überwiegt. Er schließt den Biotit ein und als seltenere Gäste Hornblende, Orthit, Zirkon, Fergusonit, Magnetit, Magnetkies, Molybdänglanz, Kupferkies, Arsenkies und Pyrit. Die in die Drusenräume hineinwachsenden Kalifeldspäte schließen auch Quarzkrystalle ein, die oft noch aus ihrer Oberfläche herausragen. Ebenso ist im Kalifeldspat Albit eingelagert. Auf dem Kalifeldspat sitzen Quarz, Albit, Flußspat, Strigovit, Epidot, Axinit, Heulandit, Desmin, Laumontit, Skolezit, Pilinit.

Fundorte: Weitaus die wichtigsten Fundorte für die großen Kalifeldspäte sind die Brüche in Pilgramshain und den Fuchsbergen. Schöne Feldspäte wurden früher auch am Mühlberge, desgleichen in dem großen Bruche bei Bohrauseifersdorf gefunden. In nächster Linie ist der Charlottenberg bei Tschirnitz und der Galgenberg bei Poischwitz zu nennen. In den übrigen Brüchen, in Dätzdorf, Kalthaus, Häslicht, Groß-Rosen, am Streitberge und in Järischau ist das Vorkommen spärlich und überhaupt wohl meist auf kleinere Ausscheidungen dichten Kalifeldspates beschränkt, deutliche Krystalle sind vielleicht gar nicht zu finden. In dem sogenannten Sperlingsbruche am Abhange des Streitberges fand ich einige größere Individuen von Kalifeldspat im Granit eingesprengt, ohne aber sonst eine Neigung zu porphyrischer Struktur feststellen zu können.

20. Quarz.

Litt.: G. Rose, Üb. d. Krystallisationss. d. Quarzes. 1846. S. 38, 54. — Ders., Monatsber. d. Berl. Ak. d. W. 1844. S. 233, 254. — Ders., Pogg. Ann. 62. S. 333—337. — Rendschmidt, Jahresber. d. schles. Ges. 1844. S. 202. — Fiedler, Die Min. Schles. Breslau 1863. S. 49, 50. — Websky, Pogg. Ann. XLIX. S. 302. — Ders., Jahresber. d. schles. Ges. 1865. S. 41. — Ders., Ztschr. d. d. geol. Ges. 1865. S. 348. — Ders., 47. Jahresber. d. schles. Ges. 1869. S. 41. — Ders., 48. Jahresber. d. schles. Ges. 1870. S. 43. — Ders., Neues Jahrbuch 1870. S. 353; 1871. S. 732, 785, 897; 1874. S. 119. — Ders., Ztschr. d. d. geol. Ges. XXX. 1878. S. 374. — Becker, Inaug.-Dissert. Breslau 1868. S. 4. — Roth, Erl. z. geogn. Karte. Berlin 1857. S. 54. — Stelzner, Neues Jahrb. 1871. S. 33. —

WEISS, Ztschr. d. d. geol. Ges. 1875. XXVII. S. 478. — GROTH, Die Min.-Samml. d. Univ. Straßb. 1878. S. 94. — LEHMANN, Jahresber. d. schles. Ges. 1878. S. 128. — MOLENGRAAFF, Ztschr. f. Kryst. u. Min. XVII. S. 163. — GOLDSCHMIDT, Index der Krystallformen d. Min. III. Berlin 1891. S. 1. — TRAUBE, Neues Jahrbuch 1888. II. S. 254. Ref. Ztschr. f. Kryst. XXIII. S. 322. — Ders., Die Min. Schles. Breslau 1888. S. 193, 196.

Der Quarz von Striegau und Järischau spielt in der Litteratur dieses Minerales eine wichtige Rolle. G. ROSE sagt, daß ihm die Krystalle von Järischau die erste Anregung zu seiner berühmten Arbeit „über das Krystallisationssystem des Quarzes“ gegeben haben. Später wandte WEBSKY den Striegauer Quarzen seine besondere Aufmerksamkeit zu und veröffentlichte darüber seine Arbeiten, die für die Geschichte dieses Minerales von hervorragender Bedeutung sind, obschon seine Beobachtungen heute mancherlei Einschränkung erfahren müssen.

G. ROSE bestimmte: $g\,(10\bar{1}0)$, $k\,(51\bar{6}0)$, $3\,r\,(30\bar{3}1)$, $\frac{5}{3}\,r\,(50\bar{5}3)$, $r'\,(\bar{1}011)$, $7\,r'\,(\bar{7}071)$, $R\,(10\bar{1}1)$, $s\,(11\bar{2}1)$, $x\,(51\bar{6}1)$, $o'\,(2\bar{1}31)$.

WEBSKY bestimmte: $m_0\,(\bar{8}.\bar{5}.13.18)$ $(3\bar{2}57)$, $m\,(11\bar{2}3)$, $m_1\,(32\bar{5}8)$, $m_2\,(31\bar{4}7)$ $(5.2.\bar{7}.12)$, $\gamma_0\,(\bar{5}\bar{4}99)$, $\gamma_1\,(2\bar{1}33)$. Die Rhomboëder erster Ordnung $(20\bar{2}5)$, $(10\bar{1}3)$, $(10\bar{1}4)$,[1] $(10\bar{1}7)$,[1] $(1.0.\bar{1}.10)$, $(11.0.\overline{11}.21)$, $(20\bar{2}9)$, $(2.0.\bar{2}.11)$. Die Rhomboëder zweiter Ordnung $(\bar{2}023)$,[1] $(\bar{1}012)$, $(\bar{1}015)$,[1] $(\bar{1}018)$, $(\bar{1}.0.1.32)$, $(\bar{4}.0.4.29)$, $(\bar{5}.0.3.31)$, $(\bar{1}016)$, $(\bar{4}.0.4.23)$, $(\bar{7}.0.7.29)$, $(\bar{4}.0.4.15)$, $(\bar{7}.0.7.23)$, $(\bar{5}.0.5.16)$, $(\overline{11}.0.11.34)$, $(\overline{19}.0.19.56)$, $(\bar{7}.0.7.20)$, $(\bar{3}.0.3.8)$, $(\overline{13}.0.13.32)$, $(\bar{7}.0.7.17)$, $(\bar{5}.0.5.12)$, $(\bar{8}.0.8.19)$. Die Trapezoëder: I. Aus der Polkantenzone des Hauptrhomboëders: 1. Homologe Reihe $(11.8.\overline{19}.27)$, $(8.7.\overline{15}.22)$,[1] $(11\bar{2}3)$, $(\bar{9}.\bar{8}.17.26)$,[1] $(\bar{4}.\bar{3}.7.11)$, $(\bar{7}.\bar{5}.12.19)$,[1] $(\overline{11}.\bar{6}.17.28)$,[1] $(\bar{2}\bar{1}35)$, $(\overline{15}.7.22.37)$,[1] $(\overline{11}.\bar{5}.16.27)$,[1] $(\overline{13}.\bar{5}.18.31)$,[1] $(\overline{11}.\bar{4}.15.26)$,[1] $(\overline{14}.\bar{5}.19.33)$, $(\bar{7}.\bar{2}.9.16)$, $(\bar{4}\bar{1}59)$, $(\bar{6}.\bar{1}.7.13)$, $(13.2.15.28)$.[1] 2. Antiologe Reihe $(11.8.\overline{19}.27)$,[1] $(7.6.\overline{13}.19)$,[1] $(\bar{7}.\bar{6}.13.20)$,[1] $(\bar{3}\bar{2}58)$, $(\bar{7}.\bar{3}.10.17)$, $(\bar{9}.\bar{2}.11.20)$. II. Aus der Polkantenzone der Gegenrhomboëders: 1. Homologe Reihe $(8.5.\overline{13}.18)$, $(11\bar{2}3)$, $(8.5.\overline{13}.21)$,

[1] Diese Flächen betrachtete er als induzierte Flächen (s. u.!).

$(7.4.\overline{11}.18)$. 2. Antiologe Reihe $(17.8.\overline{25}.42)$,[1] $(5.2.\bar{7}.12)$, $(7.1.8.15)$. $d_1\,(21\bar{3}3)$, $d_2\,(7.3.\overline{10}.10)$, $d_3\,(31\bar{4}4)$, nach späterer Korrektur wollte er dafür lieber $(\bar{1}\bar{3}44)$ schreiben, $d_9\,(9.1.\overline{10}.10)$, $d_{10}\,(13.1.\overline{14}.14)$, $t\,(32\bar{5}3)$, $\gamma_0\,(32\bar{5}5)$. Nach den Etiquetten der Originalkrystalle des Breslauer Museums bestimmte er noch $x\,(51\bar{6}1)$, $x_1\,(9.2.\overline{11}.2)$, $x_2\,(9.4.\overline{11}.4)$, $v\,(71\bar{8}1)$, $\pi\,(\bar{5}\bar{3}83)$.

Traube bestimmte: (0001) (?), $u\,(31\bar{4}1)$, $\xi\,(11\bar{2}2)$, $a\,(11\bar{2}0)$, $4r\,(40\bar{4}1)$, $(20\bar{2}3)$, $(10\bar{1}\bar{2})$, $(20\bar{2}\bar{5})$, $(02\bar{2}5)$, $(10\bar{1}\bar{7})$, $(1.0.\bar{1}.28)$, $(80\bar{8}5)$, $(08\bar{8}5)$, $(71\bar{8}1)$.

Die Quarzkrystalle der Drusenräume zeichnen sich durch großen Flächenreichtum aus. Neben $g\,(10\bar{1}0)$, $R\,(10\bar{1}1)$ und $r'\,(\bar{1}011)$ finden sich häufig $s\,(1121)$, $x\,(51\bar{6}1)$, $k\,(51\bar{6}0)$, sowie $o'\,(2\bar{1}31)$ und $u\,(31\bar{4}1)$, nicht selten sind auch $\xi\,(11\bar{2}2)$ und $a\,(11\bar{2}0)$. R und r' sind glatt und glänzend, r' etwas weniger als R, x stark glänzend, s parallel der Kante (Rs) stark, o' ebenso aber feiner gestreift. k erscheint als schmale Abstumpfung der Prismenkanten. Die Krystalle sind im allgemeinen mit einem Ende aufgewachsen, allseitig ausgebildete Krystalle wurden bisher aus den Drusen nicht angegeben. Die von mir gefundenen zeigen g zurücktretend. Einzelne Individuen sind, wie schon G. Rose bemerkte, unter den Krystallen selten. Meist sind es Penetrationszwillinge nach dem Dauphinéer Gesetze. Die Zwillingsgrenze ist durch den Unterschied des Glanzes der Flächen der Individuen bei einiger Aufmerksamkeit meist deutlich zu erkennen. Sie verläuft sehr unregelmäßig, bald einer Seitenfläche parallel, bald zickzackförmig quer über diese fortlaufend. Diese Zwillinge sind am häufigsten. Selten kommen jedoch auch Zwillinge von Quarzen mit entgegengesetztem Drehungsvermögen nach dem Brasilianer Gesetz vor, wie dies schon Websky und Traube beobachteten. Zuweilen entstehen auch Vierlinge, indem zwei Penetrationszwillinge mit einer Prismenfläche verwachsen.

Viele Krystalle zeigen neben den gewöhnlichen Krystall-

[1] S. Anm. S. 22.

flächen noch eine Anzahl kleiner und schmaler Flächen ausgebildet, die bei der Messung auf Indices sehr seltener und an anderen Fundorten nicht beobachteter Rhomboëder und Trapezoëder führen. Websky hat eine große Anzahl mit der größten Mühe und Sorgfalt zu bestimmen gesucht.

Er bestimmte dieselben als selbständige Krystallflächen. Dabei gelangte er zu der Schwierigkeit, daß sich für manche Stellen Flächen ergaben, wo sie nach dem Gesetze der Tetartoëdrie nicht auftreten konnten. Er nahm, um dies zu erklären, seine Zuflucht zu einer Hypothese, indem er annahm, daß die Quarze aus einer Reihenfolge von Decken bestehen, die verschiedenen, um je 180° um die Hauptaxe gedrehten Individuen angehören. So kann es geschehen, daß ein Individuum der vorletzten Schicht eine Fläche ausgebildet zeigt, die von der obersten nur dünn überkrustet ist, so daß der Krystall an dieser Stelle den Reflex der Fläche des vorletzten Individuums erkennen läßt. Websky nennt dies (1865) eine verschleierte Fläche und unterscheidet die fälschlich am obersten Individuum beobachtete Fläche (1871) als „induzierte“ Fläche von der darunter liegenden verschleierten „typischen“ Fläche.

Eine einfachere Erklärung ergiebt die Betrachtung der Entstehung jener Flächen.

Schon Websky machte (1869) auf Deformitäten an Quarzkrystallen aufmerksam, die durch Anhäufung unvollkommener Krystallflächen aus der Gruppe der oberen Trapezoëder in der Zone der Dihexaëderendkante und aus der Gruppe der analogen Flächen aus der Zone der Endkanten des Grundrhomboëders zufolge einer Störung des Krystallisationsprozesses hervorgebracht wurden. Diese Flächen entstanden auf Quarzen, die sich durch Überkleidung mit neuer Quarzsubstanz aus Trümmern alter Individuen gebildet hatten. Sie bedeuten das Bestreben, den Bau der neuen Substanz dem krystallographischen Bau der Trümmer anzupassen. Die von Websky beobachteten Deformitäten erscheinen als Eindrücke auf den

Säulenflächen. Wo sie an der Spitze des Krystalles auftraten, bildeten sie eine scheinbare Endfläche.

Weiss beobachtete auf Zwillingen einen Niveauunterschied auf den Säulenflächen, so daß beim Übergange der Zwilligsgrenze von den Rhomboëderflächen auf die Säulenflächen stets die anstoßenden Flächen beiderlei Art desselben Sextanten entweder die vor- oder die zurücktretenden Teile des Krystalles bildeten. Dabei zeigte sich eine Neigung zur Bildung von (manchmal krystallographisch bestimmbaren) Vicinalflächen, um eine Ausgleichung der einspringenden Winkel herbeizuführen.

Auch die Form, die Traube an Krystallen von Striegau als Basis bestimmte, gehört jenen Flächen an. An dem betreffenden Krystalle waren zwei Rhomboëder herrschend ausgebildet, so daß sie sich in einer Kombinationskante vereinigten. An dieser lag eine Anzahl sehr schmaler, allerdings scharf begrenzter und deutlich spiegelnder Flächen (doch konnte Traube nur auf Schimmereinstellung hin messen!), anscheinend stumpfe Rhomboëder. Eines derselben ergab Werte, die zur Endfläche führten. Die Krystalle waren in weißem Calcit eingewachsen.

Molengraaff sprach nach eingehender Untersuchung solcher Flächen, bei der ihm auch die Breslauer Originale Webskys vorlagen, die Ansicht aus, daß dieselben nur Ätzflächen und keine wirklichen Krystallflächen darstellen. Er erkennt Webskys Theorie des schaligen Aufbaues der Krystalle aus Zwillingslamellen nicht an, da er durch optische Untersuchung einen so verwickelten inneren Bau nicht nachweisen konnte. Die Ätzflächen wurden nach seiner Ansicht durch kohlensaure Alkalien hervorgebracht, was um so wahrscheinlicher ist, als die Originale Webskys deutliche Ätzfiguren auf ihren Krystallflächen wahrnehmen lassen. Unterstützt wird die Ansicht weiter durch die Thatsache, daß die Krystalle, an denen Websky die Deformitäten und Traube die scheinbare Endfläche beobachtete, wahrscheinlich oder sicher in Kalkspat eingewachsen waren.

Auch die beiderseitig ausgebildeten Krystalle, die ich lose in den Drusenräumen fand, machen durch ihre Übereinstimmung mit einem Krystalle, den ich in Kalthaus in weißem Kalkspat eingewachsen fand, die Vermutung sehr wahrscheinlich, daß auch sie früher von Kalkspat umschlossen waren. Der eine von ihnen aus den Fuchsbergen, ca. 3 cm lang und 2,5 cm breit, nach der einen Rhomboëderfläche tafelförmig (nicht ganz 1 cm dick) ausgebildet, zeigt die Prismenflächen nur auf der einen Seite (stark gestreift) ausgebildet. Auf der anderen Seite findet sich an der Grenze der oberen und unteren Rhomboëderflächen eine große Anzahl (über 20) kleiner, matter Flächen, zum Teil mit einspringenden Winkeln, teils mit scharfen, teils mit gerundeten Kanten. Es unterliegt keinem Zweifel, daß diese Flächen durch Ätzung entstanden sind. Ähnliche Flächen konnte ich noch an zahlreichen anderen Krystallen beobachten.

Es kann also die Möglichkeit der Entstehung solcher untergeordneter Flächen durch Ätzung als zweifellos gelten. Für andere muß wohl noch eine zweite Ursache ins Auge gefaßt werden. Es sind dies jene Flächen, die schon Weiss an der Zwillingsgrenze zweier Individuen beobachtete. Die Bildung solcher Vicinalflächen ist keineswegs selten; bei einiger Aufmerksamkeit sind dieselben, namentlich da, wo die verzwillingten Individuen eins aus dem anderen heraustreten, besonders bei Überheilungen von Bruchflächen, leicht zu finden. Im allgemeinen unterscheiden sich diese Vicinalflächen von den Ätzflächen durch stärkeren Glanz, doch ist in vielen Fällen eine genaue Untersuchung unmöglich.

Andererseits ist auch die Bildung einer solchen Fläche als Krystallfläche im engeren Sinne möglich. Eine Fläche, die einmal durch Ätzung an einem Quarz entsteht, kann sich ein anderes Mal schon beim Krystallisationsprozeß durch die Einwirkung derselben Agentien als Krystallfläche ausbilden. Stelzner hob hervor, daß vorzüglich die Quarze derjenigen Fundstätten die Trapezoëderflächen ausgebildet zeigen, die daneben auch Fluormineralien (in Striegau Lithionglimmer und Flußspat) enthalten, und schloß daraus, daß sich diese Flächen unter der Einwirkung des Fluors gebildet haben.

Bisweilen finden sich Quarze mit gekrümmten Prismen-Flächen. Die Krümmungen scheinen durch mechanischen Druck hervorgebracht zu sein.

Die Größe der Quarzkrystalle geht bis 20 cm. Die Farbe ist meist rauchgrau, braun bis schwarz, selten wasserhell oder gelblich. Tief schwarze Krystalle sind sehr selten. In einigen Drusen der Fuchsberge fand ich die Quarze blau bereift. Der Reif ließ sich mit dem Finger abwischen, die Substanz war jedoch nicht näher bestimmbar. (Ein Beschlag durch den Pulverdampf war ausgeschlossen.)

Der Quarz findet sich in den pegmatitischen Ausscheidungen der Drusenwände selbst oder frei auf die Drusenwandung aufgewachsen; in die Feldspatkrystalle eingewachsen oder aus ihnen hervorragend, selten auf sie neu aufgewachsen; als Überheilung von Bruchflächen, zwischen jüngeren Drusenmineralien eingewachsen oder solche selbst einschließend.

Mit dem Kalifeldspat bildet der eingewachsene Quarz, dessen Individuen aus der Oberfläche heraustreten, bisweilen scheinbar regelmäßige Verwachsungen. Die aus den T-Flächen des Feldspates heraustretenden Individuen sind (wie auf einer Stufe des Breslauer Museums sehr gut zu beobachten ist), unter einander parallel und so gerichtet, daß eine Rhomboëderfläche jedes Individuums mit den x-Flächen der orientiert aufgewachsenen Albite parallel geht und daher mit diesen gleichzeitig einspiegelt. Indessen finden sich auch Verwachsungen, die keine Beziehungen zu den Flächen des Feldspates, sondern nur die Parallelität der Quarzindividuen erkennen lassen.

Auf dem Quarz finden sich Albit (selten), Turmalin, Fluorit, Strigovit, Epidot, Axinit, Chabasit, Desmin, Skolezit, Pilinit, Calcit, auch finden sich viele Mineralien wie Turmalin, Strigovit, Axinit, Epidot, seltener Zeolithe in ihn eingewachsen, indem sie sich auf Krystall- oder Bruchflächen älterer Quarze aufgesetzt haben und von den darüber wachsenden Schichten jüngerer Quarzsubstanz eingeschlossen werden.

Auf Gängen im Granit findet sich der Quarz dicht und in schönen Krystallen.

G. Rose bestimmte (an Krystallen von Järischau) die Formen: R, r', g, i.

Websky bestimmte d_1, d_2, d_3, d_9, d_{10}, t, γ_0.

Rose hob hervor, daß er an den Quarzen nirgends eine Spur von Trapezoëderflächen oder spitzen Rhomboëdern gefunden habe.

Groth beobachtete an Krystallen von Järischau kleine Trapezoëderflächen; sehr deutlich ein oberes zwischen s und r.

Flächenreiche Krystalle fand ich in einem Quarzgange in Groß-Rosen. Hier beobachtete ich außer R, r', g, s noch x sehr häufig, ferner auch u.

Die Krystalle sind oft an beiden Enden ausgebildet. Die Rhomboëder sind meist ungleich; oft ist das eine nur ganz untergeordnet vorhanden. R ist etwas stärker glänzend als r'; s ist an den Krystallen von Järischau besonders groß ausgebildet.

Die Zwillingsbildung ist dieselbe wie an den Krystallen der Drusenräume. Im Besitze des Breslauer Museums ist ein Zwilling von Järischau, bei dem zwei Individuen nach ξ $(11\bar{2}2)$ $P2$ (wie der Zwilling von Traversella nach Websky) verwachsen und durchkreuzt sind.

Die Farbe der Krystalle ist selten rauchgrau, meist sind sie wasserhell, zuweilen milchweiß durchscheinend.

An manchen Krystallen von Järischau läßt sich deutlich eine Spaltbarkeit nach einem Rhomboëder wahrnehmen. Auch in den Drusenräumen finden sich bisweilen Bruchstücke, die deutlich nach dieser Fläche abgebrochen sind, wobei die Bruchflächen allerdings meist noch durch spätere Überheilung geebnet sind.

Auf den Flußspat-Gängen tritt der Quarz meist hinter dem Flußspat zurück. Oft zeigt er sich stark angegriffen. Die unmittelbar unter dem Flußspat liegende Schicht ist bisweilen völlig zerfressen und hat ein tuffartiges Aussehen erhalten.

Lehmann erhielt im Jahre 1878 durch Zimmermann faustgroße, gerundete Quarze, die im Granit selbst gefunden sein sollten. Er vermutet jedoch, daß es sich um Gerölle aus dem den Granit überlagernden Diluvium handelte, obwohl er im Granit selbst einen ähnlichen, gegen 2 cm großen Quarz beobachtete.

Fundorte: 1. Drusenvorkommen. Die schönsten und größten Quarze finden sich in den Drusen der Fuchsberge und in Pilgramshain; früher auch am Mühlberge. Flächenreiche Quarze kommen auch im Galgenberge bei Poischwitz und im Charlottenberge bei Tschirnitz vor. Schöne, tiefschwarze Quarze wurden bei Dätzdorf gefunden. Rendschmidt erwähnte (1844) auch schöne Quarze aus einer Druse vom Streitberge.

2. Gangvorkommen. Das bekannteste Vorkommen ist der Quarzgang von Järischau. Websky beschrieb Quarze aus Gängen im Mühlberge und Schießberge. Schöne Quarzkrystalle fand ich auch in den Gängen von Groß-Rosen und Häslicht.

21. Albit.

Litt.: Jaekel, 31. Jahresber. d. schles. Ges. 1853. S. 59. — Ders., 35. Jahresber. d. schles. Ges. 1857. S. 91. — Fiedler, Die Min. Schles. Breslau 1863. S. 58. — Becker, Inaug.-Dissert. Breslau 1868. S. 7. — Websky, Jahresber. d. schles. Ges. 1870. S. 42. — Groth, Die Min.-Samml. d. Univ. Straßb. 1878. S. 249. — Beutell, Ztschr. f. Kryst. u. Min. VIII. S. 370. — Traube, Neues Jahrbuch 1887. II. S. 68. — Ders., Die Min. Schles. Breslau 1888. S. 2. — Hintze, Handb. d. Min. Leipzig 1895. S. 1452.

Der Albit der Drusenräume ist von weißer, selten etwas grünlicher Farbe. Die Krystalle sind meist wasserhell und erreichen bisweilen eine ziemliche Größe. Krystalle von 3 cm Länge in der Richtung der c-Axe sind keine große Seltenheit, manche sind noch beträchtlich größer.

Becker beobachtete die Formen $T(1\bar{1}0)$, $l(110)$, $M(010)$, $P(001)$, $n(0\bar{2}1)$, $o(11\bar{1})$, $x(\bar{1}01)$. Beutell fand außer diesen noch $f(130)$, $z(1\bar{3}0)$, $y(\bar{2}01)$, $\delta(\bar{1}\bar{1}2)$, $e(021)$. An einem Krystall aus Pilgramshain beobachtete ich neben o noch $v(1\bar{1}\bar{1})$.

Die vertikalen Flächen T, l, z, f, M zeigen meist eine deutliche Längsstreifung; l ist vor T durch einen schwachen Perlmutterglanz ausgezeichnet. In der Richtung der vorzüglichen Spaltbarkeit nach P zeigt sich meist ein Blätterdurchgang. Als Charakteristikum der Ausbildung des Striegauer Albits hebt schon BEUTELL die verschiedene Ausbildung der beiden Endigungen hervor. Auf der einen, die uneben und matt erscheint, tritt meist nur x, höchstens noch y auf; die andere, hell und glänzend, zeigt $P x \delta$. Besonders charakteristisch wird dieser Habitus durch das Vorherrschen von $x \delta$. (Über BEUTELLS Verwechselung von y und δ HINTZE S. 1452.)

Aus den Winkeln $(Pn) = 46^0 15{,}5'$, $(Pl) = 65^0 0{,}5'$, $(Po) = 57^0 45{,}5'$, $(Tn) = 51^0 21{,}5'$, $(on) = 47^0 1{,}5'$, berechnete BEUTELL die Elemente: $a:b:c = 0{,}6360:1:0{,}5558$, $\alpha = 94^0 40'$, $\beta = 117^0 0'$, $\gamma = 88^0 0'$, und weiter die Winkel $(Ml) = 60^0 20'$, $(lT) = 59^0 14'$, $(T\underline{T}') = 58^0 50'$, $(M'n) = 47^0 22'$, $(MP) = 85^0 48'$, $(MP') = 94^0 12'$, $(P\underline{P}') = 8^0 24'$, $(oM') = 66^0 31'$, $(ox) = 27^0 23'$, $(o\delta) = 28^0 44'$, $(\delta x) = 31^0 16'$, $(PT) = 69^0 29'$.

Sehr häufig finden sich Zwillinge nach dem Albitgesetz (Zwillingsebene die Fläche M). Oft findet sich das Gesetz mehrfach wiederholt. Auch Zwillinge nach dem Periklingesetz (Zwillingsaxe die b-Axe und Verwachsung nach dem rhombischen Schnitt) sind nicht selten. Vorherrschend ist an ihnen stets M; T und l sind nur schmal, wodurch die Gestalt tafelförmig wird. Ganz untergeordnet erscheinen z und f. An der durch P, x und n gebildeten Endigung konnte BEUTELL noch e beobachten. Während die Zwillinge nach M meist wasserhell sind, sind die Periklinzwillinge meist weiß und undurchsichtig, höchstens mit einer wasserhellen Schicht auf der Oberfläche bedeckt. BEUTELL beschreibt einen Doppelzwilling von Gräben, bestehend aus zwei Viellingen nach dem Albitgesetz, die zu einer Fläche symmetrisch liegen, die durch die Kante PM gehend auf M senkrecht steht. Die Zwillingshälften sind nach *M* tafelförmig und zeigen *P*, *x*, *o* und *u* ausgedehnt und nur ganz untergeordnet *T*, *l* und *y*. Die *x*-Flächen des matten Endes stoßen in einem einspringenden, die des glänzenden Endes in einem ausspringenden Winkel zusammen.

Der Albit sitzt auf dem Kalifeldspat entweder in Gestalt einer die Flächen desselben überziehenden Kruste oder in regelmäßig orientierten Krystallen. Er sitzt am häufigsten auf *T*, *z* und *M*, seltener auf *y*, am seltensten auf *P* und *x* des Kalifeldspates. Die Krystalle sind stets so orientiert, daß Albit und Kalifeldspat die Längsfläche und die Vertikale gemeinsam haben. Beutell machte zuerst auf den bemerkenswerten Unterschied der Albitaufwachsung auf Feldspäten von Striegau und auf denen des Riesengebirges aufmerksam. Bei dem Albit der letzteren sind die *x*- und die *P*-Fläche die Fortsetzungen der nämlichen Flächen des Kalifeldspates, indem jede derselben nur einmal auf dem der betreffenden Kalifeldspatfläche entsprechenden Ende auftritt; in Striegau trifft dies nur auf dem matten Ende zu, an dem glänzenden ist neben *P* auch *x* vorhanden und bildet mit der *P*-Fläche des Kalifeldspates einen einspringenden Winkel. Daher überragt der Albit den Kalifeldspat, und wenn sich seine Individuen zu einer zusammenhängenden Kante vereinigen, so zeigt sich *P* des letzteren von einem erhabenen Albitrande umgeben. Auf der Kante *T l* des Kalifeldspates sitzen stets Zwillinge nach dem Albitgesetz. Auf den Prismenflächen und *M* sitzen in der Regel einfache Krystalle, die dann krystallographisch genau wie die nach der betreffende Seite liegende Hälfte des Zwillings auf der Kante *Tl* orientiert sind. Die in seltenen Fällen auf *P* auftretenden Albite zeigen eine feine Zwillingsstreifung auf *P* und *x*. Zwillinge nach dem Periklingesetz stehen meist in keiner bestimmten Orientierung zu den Flächen der Kalifeldspäte, zwischen denen sie sitzen. Auch die in seltenen Fällen auf *M* des Kalifeldspates aufgewachsenen Periklinzwillinge lassen keine bestimmte Orientierung erkennen. Die als Überheilung von Bruchflächen des Kalifeldspates auftretenden wasserhellen Albite sind meist einfache Individuen oder Zwillinge nach dem Albitgesetz.

Der auf die Drusenwand frei aufgewachsene Albit bildet größere Partieen von hahnenkamm-artiger Bildung. Die Individuen zeigen vorherrschend nur *M, P, x* und sind durch wiederholte Zwillingsbildung nach dem Albitgesetz vereinigt. Indem sie dabei einwenig gegeneinander verschoben sind, enstehen gekrümmte Flächen. Die Krystalle sind entweder durch Ausdehnung der beiden *x*-Flächen in der Richtung der Kante (*x M*) gestreckt und auf die Drusenwandung aufgewachsen, wodurch schmale, steile Kämme entstehen, oder es ist die matte *x*- und die *P*-Fläche ausgebildet, und die Krystalle sitzen dann mit der Kante auf, die der Durchschnittsrichtung dieser Flächen entgegengesetzt ist, wodurch schräge, keilförmige Kämme entstehen. Am freien Ende treten die Prismenflächen *f, l, T, z* nur untergeordnet auf und bewirken eine feine Zähnelung des Kammes. Bisweilen sitzen auf den beschriebenen Bildungen noch größere, wasserhelle Albit-Krystalle.

Beutell analysierte zwei wasserhelle Albite aus den Fuchsbergen:

	SiO^2	Al^2O^3	CaO	MgO	K^2O	Na^2O	H^2O	Summe
I.	67,51	19,97	0,45	Spur	—	11,50	0,12	99,55
II.	67,38	19,94	0,40	Spur	Spur	11,59	0,46	99,77

Daraus ergab sich die Molekularzusammensetzung:

	Kalkfeldspat	Natronfeldspat
I.	1 Mol.	42,34 Mol.
II.	1 „	42,60 „

Auf dem Albit, der sich in den Drusenräumen als Bestandteil der Drusenwandung oder auf den Kalifeldspat auf-, bezw. in diesen eingewachsen findet, sitzen Phlogopit, Zinnwaldit, Lepidolith, Turmalin, Chlorit, Pennin, Aphrosiderit, Flußspat, Apatit, Epidot, Chabasit, Desmin. Der Quarz bildet mit dem Albit der Drusenwand schriftgranitische Verwachsungen; in die oberste Schicht der Albitkrystalle ist bisweilen Turmalin, sehr selten Epidot eingewachsen.

Fundorte: Die schönsten Albite finden sich in Pilgramshain und den Fuchsbergen. Als Fundpunkte sind auch zu nennen der Charlottenberg bei Tschirnitz und die Brüche bei Kalthaus. JAEKEL erwähnt auch schöne Albitkrystalle aus Bohrauseifersdorf.

22. Phlogopit.[1]

Auf einer Stufe aus den Fuchsbergen fanden sich, auf Albit aufsitzend, kleine sechsseitige Täfelchen eines Glimmers von heller, lichtgelber Färbung, womit zwei Stücke des Breslauer Museums übereinstimmen, die bisher für Muskovit gehalten wurden. Bei der optischen Untersuchung ergab sich ein Axenwinkel unter 20° und eine Dispersion im Sinne von $\varrho < v$, so daß der Glimmer keinesfalls als Muskovit aufgefaßt werden kann und wohl am besten als Phlogopit bezeichnet wird. Die Ebene der optischen Axen lag bei den Tafeln der einen Stufe parallel, bei denen der anderen senkrecht zu zwei Begrenzungsflächen. Von den nachstehenden Messungen von $2E$ beziehen sich die unter I. auf ein Individuum der ersten, die unter II. auf eins einer anderen Stufe.

	Li-Licht	Na-Licht	Tl-Licht
I.	16° 10′	17° 18′	17° 20′
II.	18° 21′	19° 58′	20° 09′

Im allgemeinen schwankt der Axenwinkel auch an Krystallen derselben Stufe zwischen 10° und 20°, selten ist er größer. Auf dem Glimmer sitzen Turmalin, Epidot und Desmin; unter ihm findet sich, in Feldspat und Albit eingeschlossen, zersetzter Biotit, aus dem der Phlogopit das Material zu seiner

[1] Über Biotit s. o. S. 5.

Bildung genommen zu haben scheint. Die eine Tafel des Biotits ist zur oberen Hälfte direkt in hellen Glimmer verwandelt und zeigte einen scheinbaren Axenwinkel von:

Li-Licht	Na-Licht	Tl-Licht
39° 22′	41° 33′	41° 33′

In der Sammlung des Breslauer Museums finden sich zwei Stufen, die in den Jahren 1881 und 1882 am Streitberge und in den Fuchsbergen gesammelt worden sind. Ein lichtgelber Glimmer überzieht in kugeligen Aggregaten die Oberfläche des Kalifeldspates und Albits. Die Stücke passen genau zu der Beschreibung, die G. v. Rath in den Verh. des naturhistor. Vereins der preuß. Rheinl. und Westfalens 1879 S. 382 giebt; es weist auch eine Notiz auf der Etikette der einen Stufe auf diese Stelle hin. Indessen die Blättchen zeigten einen sehr kleinen Axenwinkel, und einzelne waren fast einaxig. Ich betrachte daher auch diesen Glimmer als Phlogopit.

Fundorte: Fuchsberge — Streitberg.

23. Muskovit.

Litt.: G. v. Rath, Verh. d. naturh. Ver. d. pr. Rheinl. u. Westf. 1879. S. 383. — Roth, Allgem. u. chem. Geologie II. Berlin 1883. S. 79. — Traube, Neues Jahrbuch 1887. II. S. 66. — Ders., Die Min. Schles. Breslau 1888. S. 97. — Hintze, Handbuch d. Min. Leipzig 1891. S. 614.

Als Gemengteil des Granits wurde der Muskovit sehr selten von Traube beobachtet. In Drusenräumen beobachtete er auch deutliche, bis 0,5 cm große Krystalle. Ich selbst habe, abgesehen von feinen Schüppchen von Kaliglimmer als Umwandelungsprodukt des Kalifeldspates, weder an den Stücken der mir zugänglichen Sammlungen, noch an Ort und Stelle den Muskovit als Drusenmineral beobachten können.

G. v. Rath beschrieb einen durch Zimmermann gesammelten Glimmer von Striegau als ein lichtgelbes Mineral, dessen kleine, perlmutterglänzende Schüppchen, zu kleinen kugeligen

Zusammenhäufungen gruppiert, Überzüge auf Quarzkrystallen und Ausfüllungen der zellenähnlichen Zwischenräume der Quarzdruse bildeten. RIEPE fand bei seiner Analyse:

SiO^2	Al^2O^3	Fe^2O^3	MgO	K^2O	H^2O	Summe
49,27	28,69	2,89	0,42	13,91	4,77	99,95

Danach ist das Mineral unzweifelhaft ein Kaliglimmer, dessen Analyse nach G. v. RATH sehr nahe mit derjenigen einer Glimmerpseudomorphose von Hirschberg in Schlesien übereinstimmt.

TRAUBE beobachtete auf Klüften des Granits des Streitberges dünne, regelmäßig begrenzte Blättchen von silberweißer Farbe. Dieses Vorkommen ist vielleicht identisch mit dem Vorkommen eines Muskovits von unzweifelhaft sekundärer Bildung, den ich zuweilen auf Spalten und kleinen drusigen Ausscheidungen im aplitischen Gestein daselbst beobachtete. In dem durch die Verwitterung des Pyrits veränderten Granit beobachtete TRAUBE kleine Partieen eines hellgrünen, feinschuppigen, offenbar aus der Zersetzung des Kalifeldspates entstandenen Glimmers.

Fundorte: Fuchsberge — Streitberg.

Über Damourit vergl. S. 63.

24. Lepidolith.

Litt.: BECKER, Inaug.-Dissert. Breslau 1868. S. 8. — TRAUBE, Die Min. Schles. Breslau 1888. S. 97. — HINTZE, Handbuch d. Min. Leipzig 1891. S. 594.

Lithionglimmer wurde schon von BECKER in Drusenräumen des Striegauer Granits häufig in Gestalt von weißen Tafeln auf Albit aufsitzend beobachtet. Zuweilen fand er ihn mit einem blaß-gelblichgrünen Überzuge bedeckt, der durch Verwitterung ockergelb wurde. Eine 270fache Vergrößerung ließ dicht aneinander gedrängte, spitz-rhomboidale Täfelchen von 0,018 bis 0,020 mm Durchmesser erkennen, die in ihrer Form an die Längsfläche des Vivianits erinnerten. Ein Überzug von ockergelber Farbe zeigte auch durchsichtige, rhombische Tafeln mit abgerundeten Kanten, gleichsam aufgequollen, eine Erscheinung, wie sie auch die anderen Tafeln bei geringer Erhitzung zeigten, wobei sie sich bräunten und zusammenschrumpften.

TRAUBE fand den Lepidolith fast stets mit Turmalin zusammen, diesen nicht selten auch einschließend.

Sehr häufig sitzt der Lepidolith zusammen mit Aphrosiderit und Albit in unmittelbarer Nähe von zersetztem Biotit. Als charakteristische Begleitmineralien finden sich meist der schon erwähnte Turmalin und Flußspat.

Fundorte sind namentlich Pilgramshain, in zweiter Linie die Fuchsberge.

25. Zinnwaldit.

Auf einer senkrechten Kluftfläche des Granits fand ich in Pilgramshain große Tafeln eines silberhellen, perlmutterglänzenden Glimmers auf Albit und Kalifeldspat aufsitzend, zum Teil deutliche, bis centimetergroße, sechsseitige Tafeln, meist in Rosettenform aneinander gruppiert. Desgleichen in Kalthaus. In der Flamme zeigte sich eine deutliche Li-Färbung und die chemische Probe ergab einen Eisengehalt, so daß der Glimmer wohl als Zinnwaldit zu betrachten ist. Die Ebene der optischen Axen geht parallel der Symmetrieebene, der Axenwinkel beträgt im Mittel 44°, die Dispersion ist gering, eine genaue Einstellung für die einzelnen Farben war an dem vorhandenen Material nicht möglich.

Fundorte: Pilgramshain — Kalthaus.

26. Turmalin.

Litt.: BECKER, Inaug.-Dissert. Breslau 1868. S. 5. — GROTH, Die Min.-Samml. d. Univ. Straßb. 1878. S. 190. — WEBSKY, TSCHERM. Min. Mitt. 1872. S. 68. — TRAUBE, Die Min. Schles. Breslau 1888. S. 233. — Ders., Neues Jahrbuch 1890. I. S. 186. — HINTZE, Handbuch d. Min. Leipzig 1890. S. 336.

In den Drusenräumen erscheint der Turmalin in ziemlich langen, meist sehr dünnen, selten bis 0,5 mm starken Nadeln von bläulicher bis brauner oder schwarzer, nach TRAUBE auch von rötlich durchscheinender Farbe. Meßbare Flächen waren nicht zu beobachten.

Der Turmalin kommt fast stets zusammen mit Lepidolith vor, zuweilen sitzt er auch auf Quarz auf; selten ist er in diesen oder in Albit (bei letzterem nur in die Oberfläche) eingewachsen.

Als accessorischen Gemengteil im Granit erwähnt BECKER den Turmalin in Gestalt von 2 mm starken Nadeln im Granit des Streitberges eingewachsen.

Im Diluviallehm der Ritterberge findet sich in losen Blöcken ein Granit, in dem der Biotit verschwindet, dagegen Muskovit bisweilen vorkommt. WEBSKY hielt ihn für anstehend. Ich halte die Ansicht TRAUBES für wahrscheinlicher, daß diese Blöcke vom Eulengebirge stammen. In diesem Granit finden sich zusammen mit kleinen, roten Granaten zahlreiche, deutlich krystallisierte Turmalinnadeln, an denen TRAUBE die Formen $(10\bar{1}1)$, $(11\bar{2}0)$, $(10\bar{1}1)$, $(01\bar{1}2)$, (0001), $(02\bar{2}1)$ bestimmte. Der Hemimorphismus war deutlich wahrnehmbar, indem sich $(10\bar{1}1)$, $(01\bar{1}2)$ oder $(02\bar{2}1)$ und (0001) an dem einen und (0001) und $(01\bar{1}2)$ an dem anderen Ende fanden.

Die Farbe der Krystalle war gelblich-braun, im Innern jedoch fand sich ein hell-blaugrauer Kern, der zuweilen wieder eine gelbe Partie einschloß. Die verschieden gefärbten Partieen waren entweder deutlich zonar angeordnet oder durchdrangen einander, oder es fand ein allmählicher Übergang zwischen dem Kern und der Randzone statt. Als Einschlüsse fanden sich Quarz, Granat, Apatit, noch häufiger Rutil und Zirkon. Letztere waren stets von kreisrunden, pleochroitischen Höfen umgeben, die beim Glühen verschwanden.

Ob die von GROTH erwähnten Stufen aus dem Striegauer Granit oder den Findlingen der Ritterberge stammen, läßt sich nicht erkennen.

Fundorte: Pilgramshain, Fuchsberge, Streitberg, Ritterberge.

27. Chlorit.

Litt.: Becker, Inaug.-Dissert. Breslau 1868. S. 12. — Traube, Die Min. Schlesiens. Breslau 1888. S. 64.

Becker erwähnt als Chlorit schwärzlichgrüne, krummblätterige Massen im Granit, Traube einen feinschuppigen grünen Chlorit als Kluftausfüllung an Stücken des Breslauer Museums.

Ich konnte diese Stücke nicht mehr auffinden. Auf anderen beobachtete ich einen grünlichen Überzug eines chloritischen Minerales auf Kalifeldspat und Albit.

Fundort: Fuchsberge.

28. Pennin.

Litt.: Becker, Inaug.-Dissert. Breslau 1868. S. 9. — Traube, Die Min. Schlesiens. Breslau 1888. S. 64, 164. — Hintze, Handbuch d. Min. Leipzig 1891. S. 703.

Das von Becker als Pennin bezeichnete Mineral findet sich in den Drusenräumen auf Kalifeldspat, Quarz und Albit aufsitzend, in kleinen Individuen oder Aggregaten von schwarzer Farbe. Die einzelnen Individuen zeigen eine drei- oder sechsseitige, scheinbar hexagonale Basis und ein spitzes Rhomboëder. Sie erscheinen schwärzlichgrün gefärbt und quer zur Vertikalaxe braun durchscheinend, also pleochroitisch. Die Individuen sitzen meist einzeln oder in kleinen, rundlichen, rosettenartigen Aggregaten auf Kalifeldspat, Albit, Quarz oder hüllen diese Mineralien als ein dünner Überzug ein.

Traube giebt zwei Analysen an, die von ihm (a) und Bärwald (b) ausgeführt wurden:

	SiO^2	Al^2O^3	FeO	CaO	MgO	MnO	Cr^2O^3	H^2O	Summe
a.	27,12	22,40	30,19	2,23	1,54	—	2,13	13,45	99,06
b.	23,61	19,60	38,05	1,12	—	1,05	—	?	?

Diese Analysen führen nicht auf die Zusammensetzung eines Pennins. Hintze glaubt höchstens die Zusammensetzung eines Prochlorits, mehr schon den Leptochloriten genähert, annehmen zu können. Die Analysen konnten indessen nur an sehr geringen Substanzmengen vorgenommen werden, es besteht auch zwischen beiden Resultaten eine erhebliche Differenz. Das Material aus Striegau und Pilgramshain ist meist nicht mehr ganz frisch. Viel schöner und frischer scheint das Mineral in Tschirnitz und Kalthaus vorzukommen. Das von mir daselbst gesammelte Material ist indessen noch zu spärlich, um eine genaue Analyse vornehmen zu können. Zunächst bleibt es wohl das Beste, das Mineral nach wie vor als Pennin zu bezeichnen, wie es auch WEBSKY stets auf seinen Etiketten benennt. In aplitischen Gängen in Rosen fand ich Schnüre von dichtem Pennin, z. T. mit deutlichen Krystallen, wie in den Drusen von Striegau.

Fundorte: Fuchsberge — Pilgramshain — Tschirnitz — Kalthaus — Groß-Rosen.

29. Aphrosiderit.

Litt.: WEBSKY, Ztschr. d. d. geol. Ges. 1879. XXXI. S. 211. — TRAUBE, Die Min. Schles. Breslau 1888. S. 16. — HINTZE, Handbuch d. Min. Leipzig 1891. S. 748.

Der Aphrosiderit findet sich in den Drusenräumen in Gestalt feiner, bräunlichschwarzer bis graugrüner Blättchen, meist als Überzug auf Kalifeldspat, Albit und Quarz, selten in größeren Nestern in den Drusenraum hineinragend. Charakteristische Begleitmineralien sind Flußspat, Lithionglimmer und Turmalin. Auf dem Aphrosiderit sitzen besonders Chabasit und heller Desmin.

Die Blättchen spalten nach einer oder mehreren Richtungen in kaum biegsame, bröckelige Lamellen. Nur selten lassen dieselben das Axenbild optisch einaxiger Krystalle erkennen. Die Spaltungsflächen sind glasglänzend oder schimmernd, die Härte ist unter 2. Bei der Verwitterung bekommt das Mineral einen metallartigen Schimmer und wird bisweilen broncebraun. Durch Salzsäure ist es unter Ausscheidung gallertartiger Kieselsäure zersetzbar, wodurch es sich leicht vom Strigovit unterscheiden läßt, der bei der Verwitterung erdig wird und beim Erhitzen mit Salzsäure pulverförmige Kieselsäure zurückläßt.

Websky gab die von Rammelsberg ausgeführte Analyse an:

SiO^2	Al^2O^3	Fe^2O^3	FeO	MgO	MnO	H^2O	Summe
24,78	18,69	6,45	36,17	4,52	Spur	9,09	99,70

und berechnete daraus die Formel: $2(Fe^3Al^2Si^2O^{10}) + 5H^2O$, wobei noch $^1/_3$ des FeO-Gehaltes durch MgO und $^1/_5$ des Al^2O^3-Gehaltes durch Fe^2O^3 vertreten ist. Nach der Theorie Tschermaks ergiebt sich: 5(Serpentin) + 6(Amesit) + 6(Chloritoid) = $5(Si^2Mg^3H^4O^9 + 6(SiAl^2Mg^2H^4O^9) + 6(SiAl^2MgH^2O^7)$.

Websky beobachtete nicht selten Einschlüsse von Eisenkieshexaëdern, seltener von Magneteisen, Orthit, Fergusonit und Malakon in tonnenförmigen Nestern von Aphrosiderit.

Fundorte: Fuchsberge und Pilgramshain.

30. Strigovit.

Litt.: Becker, Inaug.-Dissert. Breslau 1868. S. 9. — Websky, Ztschr. d. d. geol. Ges. 1873. XXIV. S. 388. — G. v. Rath, Verh. d. nat. Ver. d. preuß. Rheinl. u. Westf. 1875. S. 39. — Groth, Die Min.-Samml. d. Univ. Straßb. 1878. S. 260. — Websky, Ztschr. d. d. geol. Ges. 1879. XXXI. S. 211. — Roth, Allgem. u. chem. Geologie II. Berlin 1883. S. 78. — Traube, Die Min. Schles. Breslau 1888. S. 223. — Hintze, Handbuch d. Min. Leipzig 1891. S. 746.

Der Name Strigovit wurde dem Minerale durch Becker gegeben, der es zum erstenmal in den Drusenräumen des Striegauer Granits beobachtete und beschrieb. Der Schreibweise Beckers schließen sich die meisten Autoren an. Groth und Roth schreiben „Striegovit“.

Das Mineral bildet in den Drusen meist feinschuppige Überzüge von schwarzer bis schwärzlichgrüner Farbe auf Kalifeldspat, Quarz und Albit. Groth macht auf seine Ähnlichkeit mit dem Thuringit aufmerksam. Seltener findet sich der Strigovit in größeren Ballen aufsitzend. Ihm gegenüber zeigt sich bei den Kalifeldspäten ein Unterschied hinsichtlich der einzelnen Flächen. Am häufigsten sind die *T*-Flächen damit bedeckt, schon weniger häufig *M* und *k*, selten und dann meist viel schwächer ist der Anflug auf *y*, auf *x* und *P* fehlt er fast stets. Bei der Verwitterung wird das Mineral bräunlich und erdig. Im Kolben giebt es schon bei geringer Erhitzung ohne Farbenänderung Wasser ab; vor dem Lötrohr schmilzt es ziemlich schwer zu schwarzem Glase; mit Salzsäure ist es unter Abscheidung pulverförmiger Kieselsäure zersetzbar. Unter dem Mikroskop erweist sich der Strigovit als aus scharf begrenzten, sechsseitigen Täfelchen bestehend, die das Bild einaxiger Krystalle zeigen. G. v. Rath nahm das hexagonale System an und bestimmte die Krystalle als Combination eines Rhomboëders mit einer etwas gekrümmten Basis. Die Combinationskante zwischen $(10\bar{1}1)$ und (0001) gab er zu 100^0 bis 102^0 an. Das spezifische Gewicht wurde von Websky zuerst zu 2,788, später aber zu 3,144 bestimmt. Auch die ersten Analysen Beckers und Webskys wurden später von Websky berichtigt, da sie nicht an absolut frischem Material gemacht waren. Websky bestimmte an ganz frischem Material zusammen mit Poleck:

SiO^2	Al^2O^3	Fe^2O^3	FeO	MnO	CaO	MgO	H^2O	Summe
28,43	16,60	11,43	26,21	7,25	0,37	0,36	9,31	99,96

Außer in den Drusenräumen findet sich der Strigovit auch als Gesteinsgemengteil. In Bohrauseifersdorf fand ich große Partieen des Gesteines aus Kalifeldspat, Plagioklas und Strigovit bestehend, in den Fuchsbergen treten bisweilen ähnliche Partieen in der Umgebung der Drusen auf.

Der Strigovit sitzt auf Kalifeldspat, Quarz, Albit, bisweilen auch noch auf dem Epidot, häufiger sitzt aber dieser auf dem Strigovit auf. Auch Flußspat sah ich auf Strigovit aufgewachsen.

Traube fand den Strigovit in den auf ihm sitzenden Apatit eingewachsen. Jünger als der Strigovit sind sicher die Zeolithe, da dieselben, namentlich der Desmin, stets auf ihm aufsitzen. Bisweilen ist der Strigovit in Quarz eingewachsen. Mit dem Aphrosiderit zusammen konnte ich den Strigovit nirgends beobachten.

Fundorte: Der Strigovit ist sehr verbreitet, namentlich in den Drusen, die Epidot und die dunklere Varietät des Desmins führen. Er findet sich in den Fuchsbergen, in Pilgramshain, am Streitberge, in Kalthaus, Tschirnitz und Poischwitz.

31. Fluorit.

Litt.: Fiedler, Die Min. Schlesiens. Breslau 1863. S. 81. — Roth, Erl. z. geogn. Karte. Berlin 1867. S. 55. — Becker, Inaug.-Dissert. Breslau 1868. S. 5. — v. Lasaulx, Neues Jahrbuch 1875. S. 134. — Ders., Ztschr. f. Kryst. u. Min. I. S. 359. — Groth, Die Min.-Samml. d. Univ. Straßb. 1878. S. 17. — Websky, Ztschr. für Kryst. u. Min. I. S. 351. — Ders., Ztschr. d. d. geol. Ges. 1884. XXXVI. S. 118. Ref. Ztschr. f. Kryst. u. Min. XI. S. 170. — Traube, Die Min. Schles. Breslau 1888. S. 88. — Hintze, Jahresber. d. schles. Ges. 1891. S. 54.

Becker beobachtete am Striegauer Flußspat die Formen (111) herrschend, (100) und (110) untergeordnet. v. Lasaulx bestimmte: (441) (als neue Form), (311), (20.14.3). Websky bestimmte an Reflexen der Zone zwischen Dodekaëder und Ikositetraëder (168), (157), (3.14.20), (2.9.13). Traube beobachtete (211) und (531).

Als selbständige Formen treten auf: (111) am häufigsten, seltener (110) und (441). An den flächenreichen Kombinationen kommen auch noch einige nicht bestimmbare Ikositetraëder, Triakisoktaëder und Hexakisoktaëder vor. Auffallend ist das Fehlen der Tetrakishexaëder. v. Lasaulx sieht darin wie in der Seltenheit des Würfels eine Folge des Umstandes, daß bei den Striegauer Krystallen die trigonalen Axen die Wachstumsrichtungen darstellen. Die Flächen des Oktaëders sind oft durch das Auftreten vicinaler Triakisoktaëder gewölbt oder treppenförmig aufgebaut. Die Flächen des Dodekaëders sind bisweilen parallel der längeren Diogonale gestreift. Die Größe der Individuen ist sehr schwankend. Es wurden Krystalle bis zu einem Durchmesser von 6 cm gefunden. Selten finden sich Zwillinge nach (111), meist Würfeldurchkreuzungszwillinge. Hintze beschrieb einen Durchkreuzungszwilling zweier, ähnlich den Krystallen von der Göschener Alp, dunkelrosenrot gefärbten Oktaëder.

Die Farbe des Flußspates ist meist bläulichviolett, rosenrot, auch weißlich bis wasserhell, selten grünlich. Die violett gefärbten Krystalle zeigen bisweilen das fluorescierende Blau fast so schön wie die bekannten englischen. Die Färbung ist selten gleichmäßig, meist unregelmäßig oder in einzelnen Schichten derart, daß um einen hellen oder dunkeln Kern dunklere oder hellere Schichten herumlagern.

Auf den Spaltungsflächen nach (111) erhielt v. Lasaulx gute Ätzfiguren, deren Grenzen er als Ikositetraëderflächen, auch in Combination mit den Flächen des Triakisoktaëders, oder auch als Oktaëderflächen bestimmte. Ähnliche Umgrenzungen beobachtete er auch an Einschlüssen eines bei ca. 200° siedenden Kohlenwasserstoffes, die zum Teil ziemlich groß und schon mit der Lupe sichtbar waren. Er beobachtete auch doppeltbrechende Einschlüsse, die er für Quarz hielt, sowie Einlagerungen einer kohligen Substanz. Bisweilen zeigten sich im Flußspat auch haarförmige, Asbest-artige Bildungen eingeschlossen, auch makroskopisch deutlich sichtbar, von A. v. Lasaulx für Pilinit gehalten. Traube beobachtete als Einschlüsse Pennin und Epidot.

In Pilgramshain finden sich bisweilen walnußgroße, lose Stücke von hellviolettem Flußspat, die von allen Seiten angeätzt und zerfressen sind und keine deutliche Krystallform erkennen lassen. Derartige Krystalloide, wie sie schon von Traube beobachtet wurden, sind wohl die Reste größerer, von lösenden Wässern zerfressener Krystalle.

Der Flußspat sitzt auf Kalifeldspat, Quarz, Albit, Lithionglimmer, Pennin und Aphrosiderit, auf ihm erscheinen Epidot (zum Teil eingewachsen), Chabasit, Desmin und Pilinit.

Von dem Vorkommen als Drusenmineral gänzlich verschieden ist das Vorkommen des Flußspates in Gängen, die der einen vertikalen Spaltbarkeit des Granits parallel gehen. Die Gänge haben stets eine geringe Mächtigkeit, indem die Flußspatschicht kaum eine Dicke über 1 bis 2 cm erreicht. Sie führen neben dem weißlichen, farblosen oder hell- bis dunkelvioletten, dichten Flußspat (ausgebildete Krystalle desselben konnte ich nicht beobachten) Quarz und Erze, vorherrschend Pyrit, daneben Kupferkies, in geringerer Menge Arsenkies und Zinkblende. Der Quarz findet sich höchstens als dünne Schicht zwischen dem Flußspat und dem Granit. Die kleinen ausgebildeten Krystalle desselben sind meist milchweiß und undurchsichtig, oft ist die Quarzschicht völlig zerfressen. Die Erze sind meist entweder im Quarz oder zwischen diesen und dem Flußspat, seltener im Flußspat selbst eingeschlossen.

Fundorte: 1. Fuchsberge — Pilgramshain — Tschirnitz — Kalthaus — Poischwitz. 2. Häslicht.

32. Beryll.

Litt.: Becker, Ztschr. d. d. geol. Gesellsch. 1867. XIX. S. 736. — Ders., Inaug.-Dissert. Breslau 1868. S. 32. — Traube, Die Min. Schles. Breslau 1888. S. 32. — Hintze, Handb. d. Min. Leipzig 1894. S. 1280.

Becker beschrieb weingelbe, durchsichtige Krystalle von durchschnittlich 5 bis 6 mm Länge und 2 bis 3 mm Dicke, die größten ungefähr doppelt so groß. Websky und Becker bestimmten daran die Flächen: herrschend m $(10\bar{1}0)$, c (0001), untergeordnet a $(11\bar{2}0)$, q $(3.3.\bar{6}.10)$, $(7.7.\bar{14}.10)$. Für letztere Fläche setzt Hintze infolge der Neigung zu c $[(\delta c) = 35^0 29'$ ber.$]$ lieber δ $(5.5.\bar{10}.7)$.

Zwei Stufen des Breslauer Museums zeigen Beryll von hellblauer Farbe.

Der Beryll sitzt auf Kalifeldspat, Albit und Aphrosiderit. Auf ihm sitzt Desmin.

Fundort: Pilgramshain. [Der von BECKER erwähnte URBANsche Bruch ist der jetzige große Bruch des Herrn LEHMANN, der von Striegau aus entfernteste der Pilgramshainer Brüche.]

33. Apatit.

Litt.: HINTZE, Ztschr. f. Kryst. u. Min. VII. S. 590; IX. S. 290. — TRAUBE, Neues Jahrbuch 1887. II. S. 68. — Ders., Die Min. Schlesiens. Breslau 1888. S. 14.

Der Apatit wurde in den Drusenräumen des Striegauer Granites zuerst von HINTZE gefunden. Er beobachtete im Jahre 1883 einen farblosen Krystall von 2 mm Durchmesser, an dem die Basis (0001) und das Prisma $(10\bar{1}0)$ in Combination mit den Pyramiden $(10\bar{1}1)$ und $(10\bar{1}2)$ ausgebildet war. Ein Jahr später beschrieb derselbe Autor einen noch flächenreicheren Krystall von der Größe des vorigen, der milchig getrübt war und die Flächen $(10\bar{1}0)$, $(000\bar{1})$, $(10\bar{1}1)$, $(20\bar{2}1)$, $(11\bar{2}1)$, π $(13\bar{4}1)$ zeigte. Die Flächen waren bis auf die weniger stark glänzende Pyramide dritter Ordnung von vorzüglichem Glanze. Der Krystall besaß eine unsymmetrische Ausbildung, indem an dem einen Ende die Basis, an dem anderen die Pyramiden vorherrschten. Er saß zusammen mit einem roten Chabasit-Zwilling auf einem Quarzkrystall.

TRAUBE erhielt im Jahre 1887 eine Stufe mit 4 Apatitkrystallen. Die bis 1,5 mm großen Krystalle saßen auf einer dünnen Strigovitschicht, welche die *M*-fläche eines größeren Kalifeldspates überzog. Einzelne waren durch eingeschlossene Strigovitpartikelchen rauchgrau gefärbt. Die flächenreichsten Krystalle zeigten die Combination: $(10\bar{1}0)$, $(11\bar{2}0)$, $(12\bar{3}0)$, $(10\bar{1}1)$, $(10\bar{1}2)$, $(20\bar{2}1)$, $(11\bar{2}1)$, $(21\bar{3}1)$.

Im Kalthaus fand ich zusammen mit Albit und Pennin einen ca. 3 mm großen, milchig trüben Krystall, der die zuerst von HINTZE beschriebene Combination zeigt.

HINTZE hob die Ähnlichkeit des Striegauer Apatits mit dem Vorkommen am St. Gotthard hervor.

Fundorte: Der nähere Fundort der von HINTZE beschriebenen Krystalle ist nicht mehr zu ermitteln (vielleicht Pilgramshain), auch TRAUBE giebt keine nähere Angabe. Der von mir erwähnte Krystall stammt aus dem Bruche des Herrn KRAMER in Kalthaus.

34. Titanit.

Litt.: TRAUBE, Die Min. Schles Breslau 1888. S. 230. — HINTZE, Handb. d. Min. Leipzig 1896. S. 1619.

Das Breslauer Museum besitzt drei Stufen, die im Jahre 1874 von ZIMMERMANN in einem Drusenraume der Fuchsberge gefunden wurden,an welchen auf größeren Kalifeldspatkrystallen und Albit kleine Büschel von Epidot und kleine Krystalle von Titanit sitzen. Der größte Teil jeder Stufe ist mit Strigovit bedeckt, der zum Teil auch den Epidot dünn überzieht, andererseits auch unter ihm sitzt. Die Titanitindividuen sind kleine, 1 bis 3 mm große, rötliche Kryställchen, deren Flächen sich jedoch nicht deutlich bestimmen lassen.

Fundort: Fuchsberge.

35. Epidot.

Litt.: JAEKEL, 31. Jahresber. d. schles. Ges. 1853. S. 59. — FIEDLER, Die Min. Schles. Breslau 1863. S. 43. — BECKER, Inaug.-Dissert. Breslau 1868. S. 6, 26. — KLEIN, Neues Jahrbuch 1872. S. 114. — BÜCKING, Ztschr. f. Kryst. u. Min. II. S. 366. — GROTH, Die Min.-Samml. d. Univ. Straßb. 1878. S. 195. — ROTH, Allg. u. chem. Geologie II. Berlin 1883. S. 79. — GOLDSCHMIDT, Index d. Krystallf. d. Min. I. Berlin 1886. S. 560, 562. — TRAUBE, Die Min. Schles. Breslau 1888. S. 81. — HINTZE, Handbuch d. Min. Leipzig 1890. S. 224.

Der Epidot ist eins der wichtigsten und charakteristischsten Drusenmineralien des Striegauer Granits.

BECKER bestimmte die Formen M (001), T (100) u (210), o (011), i ($\bar{1}02$), π ($\bar{9}.0.16$), σ ($\overline{20}.0.21$), τ (22.0.1), e (101), v (701), α ($\bar{2}12$), φ (1.17.1), χ ($\overline{61}.60.61$), ψ ($\bar{4}13$), ω ($\overline{41}.10.30$).

Bücking fand ferner *r* ($\bar{1}01$), *n* ($\bar{1}11$), ($\bar{3}05$), *P* (010), *R* ($\bar{4}11$), *N* ($\bar{3}04$). *R* als neue Fläche. Bücking ist der Ansicht, daß die von Becker angebenen Formen σ und χ mit *r* resp. *n* zu vereinigen seien, desgleichen ω mit ψ.

Von unsicheren Formen beobachtete Bücking eine steile Hemipyramide, deren Winkel zu r im Mittel 89° 8′ betrug (der Winkel zwischen r und φ von Becker betrug 87° 39′). Außerdem bestimmte er durch approximative Messungen in der Hemidomenzone Formen zwischen (001) und (100), mit der Basis folgende Winkel bildend: 2° 41,5′, 2° 39,5′, 37° 41,5′, 43° 4′, 47° 20′, 59° 33′ und 62° 17; desgleichen zwischen (001) und ($\bar{1}00$) ein Hemidoma mit der Neigung von 32° 31,5′. Diese Winkelwerte führen zu den Formen (1 . 0 . 25), ber. 2° 19′, (13 . 0 . 11), ber. 37° 41′, (13 . 0 . 8), ber. 43° 2′, (11 . 0 . 3), ber. 47° 32′, (901), ber. 59° 47′, (20 . 0 . 1), ber. 62° 23′, und zu ($\bar{7}$. 0 . 15), ber. 31° 59′. Eine auf *M* resp. *T* beobachtete Streifung schien von Hemidomen herzurühren, die mit *M* die Winkel 0° 56′ und 62° 58′ bildeten, was auf die Formen (1 . 0 . 60), ber. 0°59′ und (26 . 0 . 1), ber. 62° 56′ deuten würde. Indessen Bücking ist selbst der Meinung, daß die Messungen nicht hinreichend genau sind, um diese Formen mit Bestimmtheit aufstellen zu können. Denn indem sich, wie schon Becker bemerkte, die excentrisch-strahlige Struktur des Striegauer Epidots meist auch in die scheinbar einfachen Krystalle derart fortsetzt, daß diese dann aus mehreren hypoparallelen Individuen bestehen, so wird man derartige approximativ gefundene Mittelwerte, selbst wenn die dadurch gewonnenen Winkelwerte zu verhältnismäßig einfachen Formen führen, mit Vorsicht aufzunehmen haben. Demnach betrachtet Bücking am Striegauer Epidot als sicher nachgewiesen nur die Formen: *M* (001), *T* (100), *P* (010), *i* ($\bar{1}02$), π ($\bar{9}$. 0 . 16), ($\bar{3}05$), *r* ($\bar{1}01$), *e* (101), *v* (701), τ (22 . 0 . 1), *u* (201), *o* (011), *R* ($\bar{4}11$), *n* ($\bar{1}11$), α ($\bar{2}12$), ψ (413), φ_0 ($\bar{1}$. 17 . 1).

Zwillingsbildungen wurden bisher nicht beobachtet. Nur an einem Stücke des Berliner Museums beobachtete Traube eine Zwillingsverwachsung nach *T*. Ich konnte an dem mir zur Verfügung stehenden reichen Material nirgends eine Zwillingsverwachsung wahrnehmen.

Die einzelnen Individuen treten fast immer zu excentrischstrahligen Krystallbüscheln zusammen. Die Büschel erreichen oft eine ziemliche Größe, zuweilen finden sich auch kleinere Büschel unregelmäßig durcheinander gelagert; in diesem Falle meist als Überzug auf anderen Mineralien, besonders auf Kalifeldspat.

Becker unterscheidet nach der Farbe eine hellgelblichgrüne bis hellgelblichbraune und eine pistaziengrün bis schwärzlichgrün gefärbte Varietät. Von der ersteren beobachtete er keine meßbaren Krystalle. An denen der zweiten Varietät unterschied er drei Typen der Ausbildung:

1. Es herrscht die flächenreich ausgebildete Hemidomenzone, während *T* nur untergeordnet auftritt. Er beobachtete die Hemidomen *i*, *π*, *σ*, *τ* und ein wegen schlechter Spiegelung nicht weiter messbares Hemidoma, das gegen *T* unter einem noch schärferen Winkel als *τ* geneigt ist. Als seitliche Endflächen bestimmte er *o*, *ψ*, *α*, *ω*, *φ* und *χ*. Letztere beiden Flächen (*φ* groß ausgebildet, mehrfach aus- und einspringende Winkel bildend, *χ* die Kante *φ σ* schmal abstumpfend) ersetzen als Vicinalflächen die Symmetrieebene. Die Vertikalprismen fehlen.

2. Außer der Hemidomenzone ist auch die Vertikalprismenzone entwickelt. Neben *M* und *T* treten die schmalen Hemidomen *i*. *π*, *σ*, *e* und *v* auf. Als Vertikalprisma beobachtete Becker *u*, ferner das Klinodoma *o*. Auch in den Krystallen dieser Ausbildung treten die Flächen *φ* und *χ* auf. Die Krystalle sind tafelig nach *M*.

3. Diese tafelförmige Ausbildung tritt noch mehr hervor. Als seitliche Begrenzung findet sich *o*, bisweilen auch die vicinal geknickte Symmetrieebene.

Bücking beobachtete an Krystallen der Strassburger Sammlung die in der von Becker beschriebenen Weise ausgebildet waren: *M*, *T*, *r*, gerundet *i*, *e*; von Seitenflächen *u* oft sehr groß und parallel der Prismenkante fein gestreift; ferner *o* und eine Fläche, welche die parallel der Kante zu *r* stark gestreifte Symmetrieebene zu sein schien, sich aber aus zwei unter 1° 44′ gegeneinander geneigten Flächen zusammensetzte. Während Becker die eine derselben als die Hemipyramide *φ* bestimmte, fand Bücking eine noch steilere Hemipyramide, deren Winkel, zu *r* 89° 8′ betrug.

An Striegauer Stufen der Straßburger Sammlung beobachtete Bücking noch zwei neue Typen der Ausbildung der dunkelgrünen Epidotvarietät.

1. Dick tafelförmig nach der Basis *M*, dazu in der Hemidomenzone *T, r, i* und ($\bar{3}05$), letztere beiden nur ganz schmal. Als seitliche Begrenzung herrschend *o*, schmäler *P*, ziemlich groß auch *u*, dazu die neue Form *R*, bestimmt durch dia Zonen [(011) (100)] und [(01$\bar{1}$) ($\bar{2}$10)]. Auf *M* und *T* war die schon erwähnte Streifung zu erkennen, die auf die Hemidomen (1.0.60) und (26.0.1) führte.

2. Herrschend *M*, etwas weniger *T*, ganz schmal *i* und *e*; als seitliche Begrenzung *o*, *n* und *R* in noch besserer Ausbildung als bei 1, zurücktretend *u*. In der Hemidomenzone wurden durch approximative Messungen die bereits erwähnten unsicheren Formen zwischen (001) und (100) sowie zwischen (001) und ($\bar{1}$00) bestimmt.

Alle bisher angeführten Typen der Ausbildung wurden an Epidotkrystallen der dunkel gefärbten Varietät beobachtet. Während es Becker überhaupt nicht gelang, meßbare Krystalle der hellgefärbten Varietät aufzufinden, beschrieb Bücking solche aus der Straßburger Sammlung und stellte darnach eine dritte, neue Art der Ausbildung des Striegauer Epidots fest.

3. Unter den Hemidomen herrschen *M* und *r*, ferner erscheinen *e*, *i* und *N*; *T* tritt nur schmal auf, wodurch der Querschnitt eine linsenförmige Gestalt erhält. Als seitliche Begrenzung tritt besonders die Symmetrieebene *P* hervor und daneben in deutlicher Ausbildung *u*.

Ich fand in mehreren Drusen der Fuchsberge die helle Varietät des Epidots mit deutlich meßbaren Krystallen. Sie sind alle besonders durch das Fehlen der Symmetrieebene charakterisiert. In der Hemidomenzone bestimmte ich *M*, *T* und *r*; als seitliche Begrenzung findet sich nur *u*. Es ist dies also ein zweiter, von dem durch Bücking beobachteten durch das gänzliche Fehlen der Symmetrieebene in charakteristischer Weise unterschiedener Ausbildungstypus der hellen Epidotvarietät.

Die strahligen Büschel des Epidots vereinigen sich bisweilen zu Aggregaten von beträchtlichen Dimensionen. Ich fand in den Fuchsbergen Aggregate von 10 cm Länge und 7 cm Breite.

Der Epidot findet sich in den Drusen auf den älteren Mineralien aufgewachsen oder sie umschließend; bisweilen auch die Spalten der Drusenwandungen oder der pegmatitischen Ausscheidungen erfüllend. Er sitzt auf Kalifeldspat, Quarz, Albit, Aphrosiderit, Strigovit, Flußspat; häufig ist er in Quarz eingewachsen, oft umschließt er auch Reste von Kalifeldspat, die bisweilen in Kaolin umgewandelt sind. Auf ihm sitzt namentlich Desmin. Auf dem Quarz erscheint besonders die hellere Varietät. Sehr selten ist der Epidot in die oberste Schicht des Albits eingewachsen.

Fundorte: Die besten Fundorte des Epidots sind die Fuchsberge und Pilgramshain; früher auch der Mühlberg. Schönen Epidot fand ich auch im Charlottenberge bei Tschirnitz, weniger in Kalthaus und dem Galgenberge bei Poischwitz.

36. Axinit.

Litt.: Websky, Jahresber. d. schles. Ges. 1870. S. 43. — G. v. Rath, Ztschr. d. d. geol. Ges. 1870. XXII. S. 650. — Websky, Tscherm. Min. Mitt. 1872. S. 1. — Groth, Die Min.-Samml. d. Univ. Straßb. 1878. S. 212. — Roth, Allgem. u. chem. Geologie II. Berlin 1883. S. 79. — Traube, Die Min. Schles. Breslau 1888. S. 23, 247. — Hintze, Handb. d. Min. Leipzig 1891. S. 498.

Die in den Drusen vorkommenden Axinitkrystalle sind von brauner bis bläulicher, meist heller Färbung. Ihre Größe beträgt meistens nur wenige Millimeter, doch finden sich auch über 2 cm große Krystalle. Die Flächen sind meist stark glänzend aber im allgemeinen wegen starker Streifung und treppenförmiger Schraffierung schwer meßbar. Zuweilen sind dieselben auch schwach gewölbt.

Websky bestimmte die Formen *c (P)* (001), *r* $(1\bar{1}1)$, *u* (111), *s* (101), *x* (201), *l* (112), *π* $(1\bar{1}2)$, *a (y)* (100), *f* $(3\bar{1}0)$, *e* $(\bar{1}11)$, *m* $(1\bar{1}0)$, *z* $(2\bar{2}1)$, *n* $(0\bar{2}1)$, *ω* $(11\bar{1})$, *ε* $(1\bar{3}3)$, *M (v)* (110); dazu die Vicinalflächen π_α $(5.\bar{5}.11)$, π_β $(11.\bar{11}.23)$, π_γ $(7.\bar{7}.10)$, π_δ $(16.\bar{16}.19)$, π_ε $(20.\bar{20}.23)$, P_1 $(1.\bar{1}.31)$. Die treppenartige Streifung geht auf *f* und *x* parallel der Kante *s x,* auf *c* und *r* parallel der Kante *c r,* auf *u* parallel der Kante *u c.*

Die Krystalle finden sich entweder allseitig oder nur zur Hälfte ausgebildet. Die häufigste Combination ist *r c (P) u s x l.* Die Kante *c r* erscheint fast nie scharf, sondern durch eine stark gestreifte Abrundung verhüllt, in der meist deutlich *π* zu beobachten ist. Zeigen die Krystalle nur ein freies Ende, so sind sie meist in der Richtung der Kante *c r* aufgewachsen, so „daß die Zone *c π r* als Säule, die scharfe Ecke *c u x* als Spitze erscheint“. Weniger häufig treten die Flächen *a (y)* und *f* auf, noch seltener erscheinen *e, m, z, n, ω, ε, M.* Auf die Vicinalflächen π_α bis π_ε und P_1 glaubte auch Websky kein großes Gewicht legen zu dürfen.

Baerwald analysierte den Axinit wie folgt:

SiO^2	B^2O^3	Al^2O^3	Fe^2O^3	FeO	MnO	CaO	MgO	H^2O	Summe
42,02	5,00	17,73	0,93	6,55	6,52	19,21	0,38	1,77	100,11

Der Axinit sitzt auf Kalifeldspat, Quarz, in dessen Oberfläche er dann meist etwas eingesenkt zu sein pflegt, seltener auf Albit und Aphrosiderit; häufig zusammen mit Epidot, der meist älter ist und bisweilen von ihm eingeschlossen wird. Websky gab den Epidot anfänglich (1870) als jünger an, später (1872), bemerkte er jedoch, daß der Axinit immer auf diesem aufgewachsen sei. Auf dem Axinit sitzt häufig Desmin.

Fundorte: Die schönsten Axinitkrystalle wurden in den

Fuchsbergen, andere in Pilgramshain, selten auch am Streitberge gefunden. Schöne Krystalle kommen auch im Charlottenberge bei Tschirnitz vor.

37. Prehnit.

Litt.: Roth, Allgem. u. chem. Geologie II. Berlin 1883. S. 79. — Beutell, Neues Jahrbuch 1887. I. S. 89. Ref. Ztschr. f. Kryst. u. Min. XIV. S. 494. — Traube, Die Min. Schlesiens. Breslau 1888. S. 174. — Hintze, Handbuch d. Mineralogie. Leipzig 1890. S. 478.

Der Prehnit erscheint in den Drusen entweder in derben (bis faustgroßen) Partieen mit Hahnenkamm-artiger Bildung, die durch die reihenförmige Aneinanderlagerung der einzelnen Individuen mit geringer Drehung um die *c*-Axe entsteht, oder seltener in einzelnen Krystallen. Die einzelnen Individuen der ersteren lassen auf der Oberfläche *m*(110) und *P*(001) erkennen. Die Basis ist stets ebenso wie die in dieser Richtung gehenden Spaltungsflächen etwas konkav, die letzteren zeigen einen schwachen Perlmutterglanz, dagegen fehlt der Oberfläche der sonst charakteristische Fettglanz. Die isolierten Krystalle zeigen *m*, *P* und zuweilen auch die Querfläche (100). Im Dünnschliff erweist sich nach Beutell der Striegauer Prehnit aus einzelnen ineinander eingekeilten Partieen bestehend, die selbst wieder aus zwei, sich parallel den Kanten von *m* und *P* durchkreuzenden Lamellensystemen bestehen. Infolge dieser Inhomogenität erscheinen auch die optischen Axenbilder im konvergenten Licht fast stets gestört.

Analysen wurden von Traube *(a)* und Beutell *(b*, im Mittel) ausgeführt.

	SiO^2	Al^2O^3	Fe^2O^3	CaO	H^2O	Summe
a.	43,39	25,48	Spur	25,92	4,62	99,41
b.	43,28	25,64	Spur	26,62	4,92	100,46

Der Prehnit findet sich zusammen mit Epidot, auf diesem aufsitzend oder ihn umhüllend. Auf dem Prehnit beobachtete ich Desmin und Kalkspat.

Fundort: Die von mir benutzten Stücke des Breslauer Museums stammen sämtlich aus den Fuchsbergen.

38. Pektolith.

Litt.: TRAUBE, Die Min. Schles. Breslau 1888. S. 164. — HINTZE, Handb. d. Min. Leipzig 1894. S. 1137.

Ein Stück des Breslauer Museums, nach der Etiquette WEBSKYS im Jahre 1872 von Dr. FIEDLER im Granit westlich von Striegau gefunden, besteht aus einem kugeligen, radialstengeligen Aggregate weißer, seidenglänzender Büschel und wird von WEBSKY als Pektolith bezeichnet. Einen Schluß auf die Paragenese läßt das Stück nicht zu.

39. Chabasit.

Litt.: BECKER, Inaug.-Dissert. Breslau 1868. S. 12. — WEBSKY, TSCHERM. Min. Mitt. 1872. S. 63. — Ders., Ztschr. f. Kryst. u. Min. II. S. 517. — Ders., Neues Jahrb. 1878. S. 75. — v. LASAULX, Ztschr. d. d. geol. Ges. 1876. S. 409. — GROTH, Die Min.-Samml. d. Univ. Straßb. 1878. S. 237. — TRAUBE, Die Min. Schlesiens. Breslau 1888. S. 54.

Die Chabasit-Krystalle der Drusen des Striegauer Granits sind besonders charakteristisch durch ihre schöne Färbung. WEBSKY schreibt diese einer Beimengung organischer Substanz zu. Beim Erhitzen färbte sich der Chabasit schwärzlich, und es destillierte eine kleine Menge einer Theersubstanz über. Es lassen sich leicht zwei Varietäten auseinanderhalten, eine rote und eine wachsgelbe bis gelblichbraune. Letztere fand ich bedeutend seltener, BECKER scheint merkwürdigerweise nur diese beobachtet zu haben.

Bei der Verwitterung wird der Chabasit undurchsichtig, die rote Varietät dabei ziegelrot, die gelbliche hocherbsengelb. Ein Hellerwerden des Chabasits mit zunehmender Tiefe des Vorkommens, wie es TRAUBE anführt, konnte ich nicht feststellen.

Die Krystalle erscheinen in der bekannten Form von scheinbaren Rhomboëdern. Es tritt nur das Hauptrhomboëder auf, dessen Endkantenwinkel von Websky kontroliert wurde. Die Rhomboëderflächen sind meist schwach gekrümmt. Seitliche Flächen treten nirgends auf. Zwillingsbildung, wie an anderen Fundorten; meist nach der Basis mit Durchkreuzung der Individuen parallel der Hauptaxe, seltener nach der Rhomboëderfläche (zuerst durch v. Lasaulx an einer Stufe aus den Fuchsbergen beschrieben, an roten, auf Lepidolith und Quarz aufsitzenden Rhomboëdern).

Ich konnte die Zwillingsbildung nach *R* besonders an Chabasiten der gelben Varietät beobachten.

Eine Analyse wurde von Baerwald ausgeführt und von Traube (ohne Angabe der Farbe der analysierten Krystalle) mitgeteilt:

SiO^2	Al^2O^3	Fe^2O^3	CaO	MgO	K^2O	Na^2O	H^2O	Summe
48,90	17,31	2,49	6,58	0,55	2,97	0,55	20,29	99,64

Der Chabasit sitzt auf Kalifeldspat, Quarz, Albit, Aphrosiderit, Flußspat Strigovit, Epidot. Mit dem letzteren zusammen scheinen sich nur Krystalle der roten Varietät zu finden. Diejenigen der gelben Varietät finden sich besonders mit Albit, Aphrosiderit und hellem Desmin zusammen. Überhaupt scheint dieses Vorkommen für Chabasite besonders charakteristisch zu sein. Den Desmin sah ich, wo er mit Chabasit zusammensaß, stets auf diesem aufgewachsen.

Auf Quarzgängen findet sich der Chabasit dicht im Quarz eingeschlossen, oder auch in kleinen, roten Rhomboëdern aufsitzend, zum größten Teil als ganz vereinzelte Einschlüsse; in einem Gange von sehr geringer Mächtigkeit konnte ich die Einlagerungen auf eine größere Entfernung hin verfolgen.

Fundorte: Der vorzüglichste Fundort für Chabasit-Krystalle ist Rohrs Bruch in Pilgramshain, in dem besonders das erwähnte charakteristische Vorkommen zu beobachten ist. In nächster Linie sind die übrigen Brüche in Pilgramshain und die Fuchsberge zu nennen; auch im Charlottenberge bei Tschirnitz fand ich einige Chabasite. Das Vorkommen in den Quarzgängen wurde von mir in Groß-Rosen beobachtet.

40. Heulandit.

Litt.: Becker, Inaug.-Dissert. Breslau 1868. S. 12. — Websky, Ztschr. f. Kryst. u. Min. II. S. 517. — Ders., Neues Jahrbuch 1878. S. 75. — Traube, Die Min. Schles. Breslau 1888. S. 120.

Die Farbe des in den Drusen des Striegauer Granits sich findenen Heulandits ist gelblich braun. Websky fand frischen Heulandit von citronengelber Farbe. Das Mineral wurde in Striegau zuerst von Becker beobachtet, und von Websky durch die optische Untersuchung bestätigt. Becker bestimmte die Formen *M* (010), *T* (001), *N* (100) und *P* ($\bar{1}$01). An einer Stufe aus Pilgramshain und einem Stück aus den Fuchsbergen konnte ich auch *z* ($\bar{2}$21) beobachten. Auf *M* zeigt sich starker Perlmutterglanz.

Der Heulandit findet sich in kleinen Krystallen von meist nicht über 0,5 bis 0,75 cm Länge als ziemliche Seltenheit. Sehr selten kommen größere Krystalle vor. Der Heulandit sitzt auf Kalifeldspat, Quarz, Albit, Strigovit, Epidot, Axinit. In einem Falle sah ich Desmin auf ihm aufgewachsen.

Fundorte: Mühlberg, Fuchsberge, Pilgramshain. Im Jahre 1894 fand Vogdt auch schönen Heulandit am Streitberge.

41. Desmin.

Litt.: Fiedler, Die Min. Schles. Breslau 1863. S. 60. — Roth, Erl. zur geogn. Karte. Berlin 1867. S. 55. — Becker, Inaug.-Dissert. Breslau 1868. S. 13. — Websky, Tscherm. Min. Mitt. 1872. S. 63. — Ders., Ztschr. f. Kryst. u. Min. II. S. 517. — Ders., Neues Jahrbuch 1878. S. 75. — Groth, Die Min.-Samml. d. Univ. Straßb. 1878. S. 240. — Rammelsberg, Ergänzungsheft zum Handb. der Mineralchemie. 2. Aufl. Leipzig 1886. S. 181. — Traube, Die Min. Schles. Breslau 1888. S. 74.

Der Desmin erscheint in den Drusenräumen in strahlig-faserigen Aggregaten. Es lassen sich nach Farbe, Ausbildung und Vorkommen zwei Varietäten unterscheiden, die eine bräunlich bis honiggelb, die andere graulich-erbsengelb, in kleinen Aggregaten fast wasserhell. Die Farbe rührt nach der Ansicht WEBSKYS von beigemengter organischer Substanz her, da sie beim Glühen verschwindet. Der Glanz läßt sich am besten als Perlmutterglanz mit einer Neigung zum Seidenglanz bezeichnen; letzterer tritt bei der zweiten Varietät noch mehr hervor.

Die erstgenannte, dunklere Varietät bildet entweder büschelförmige excentrisch-strahlige Aggregate, die sich oft zu größeren, Blumenkohl-artigen Büscheln vereinigen, bisweilen einen Durchmesser von 5 cm und mehr aufweisend, gewöhnlich 1 bis 2 cm lang. Oder es finden sich schmale Bündel von 1 cm Länge und darunter, die bisweilen den Eindruck einfacher Individuen machen. Diese, wie auch die anderen Büschel, zeigen stets *f* ($\bar{1}01$) als stark glänzende Endigung. Die schmalen Bündel lassen nach TRAUBE außerdem die Flächen *b* (010) und *c* (001), selten untergeordnet *m* (110) erkennen. An den größeren Büscheln konnte ich an einigen Stücken aus den Fuchsbergen größere Individuen herausspringend beobachten, die deutlich meßbare Krystallflächen zeigten. Ich bestimmte *f*, *m* und *c*; *b* ergab sich durch die Spaltbarkeit. *f* ist schwach gewölbt, da auch diese scheinbar einfachen Krystallgebilde (wie beim Epidot) aus hypoparallelen Individuen bestehen. Die *m*-Flächen sind stets groß und deutlich ausgebildet. Ihr Neigungswinkel wurde zu 61° 40′ (berechnet 61° 9′ 45″) gemessen. Von *c* ist meist nur der obere Teil zwischen den *m*-Flächen sichtbar und stets parallel der Kante *b c* gestreift und ebenfalls schwach gewölbt. Auf einzelnen Stücken erscheinen die *m*-Flächen zu beiden Seiten von *f*, so daß wir es auch in Striegau mit Zwillingen von scheinbar rhombischer Symmetrie zu thun haben.

Die helle Varietät kommt nie in großen Büscheln, sondern nur in kleinen, strahligen Bündeln von höchstens 1 cm Länge vor, die nur *f*, *c* und *b* als gewölbte Flächen erkennen lassen. Nirgends konnte ich auch nur einen Ansatz von *m* bemerken.

Die frischen Desmine sind stets durchsichtig bis durchscheinend. Die Verwitterung macht sie undurchsichtig. Die bräunliche Varietät verliert dabei die Farbe und wird gelb und schließlich weiß. Die Desmine der zweiten Art scheinen der Zersetzung besser widerstehen zu können, wenigstens erscheinen sie stets vollkommen frisch, während die der dunkleren Varietät sehr oft schon beim Öffnen der Druse völlig zersetzt erscheinen und bisweilen nur noch in Resten vorhanden sind.

Die chemische Zusammensetzung des Desmins wurde von RAMMELSBERG ermittelt.

SiO^2	Al^2O^3	CaO	Na^2O	H^2O	Summe
56,12	16,83	7,55	1,34	17,57	99,41

Das Aussehen der hellen Varietät erinnert entschieden an Thomsonit, doch eine von mir angestellte Analyse ergab 54,3 SiO^2 und 16,5 Al^2O^3, also die Zusammensetzung eines Desmins, da Thomsonit stets weniger als 40 % SiO^2 und mehr als 30 % Al^2O^3 enthält.

Der dunkele Desmin findet sich besonders auf Kalifeldspat, Quarz, Albit, Strigovit, Flußspat, Pennin, Epidot, Axinit, Chabasit; die helle Varietät besonders auf Albit, Aphrosiderit und Chabasit (das schon erwähnte charakteristische Chabasit-Vorkommen).

Auf Quarzgängen findet sich Desmin von heller, wachsgelber Farbe zum Teil dicht in den Quarz eingesprengt, zum Teil in kleinen, bis $^1/_2$ cm großen Bündeln ohne bestimmbare Flächen in kleinen Quarzdrusen.

Fundorte: Der Desmin der dunkleren Varietät findet sich am schönsten in den Fuchsbergen und in Pilgramshain, früher auch am Mühlberge; dann ferner in Tschirnitz, ziemlich reichlich auch in Kalthaus, wo der Epidot hinter ihm ganz zurückzutreten scheint. Die helle Varietät findet sich besonders in dem ROHRschen Bruche in Pilgramshain. Auf Gängen fand ich den Desmin in Groß-Rosen.

42. Laumontit.

Litt.: WEBSKY, Sitzungsber. d. Ges. naturf. Freunde. Berlin, 15. Mai 1877. — Ders., Ztschr. f. Kryst. u. Min. II. S. 517. — Ders., Neues Jahrbuch 1878. S. 75. — ROTH, Allgem. u. chem. Geologie II. Berlin 1883. S. 79. — TRAUBE, Neues Jahrbuch 1887. II. S. 67. — Ders., Die Min. Schles. Breslau 1888. S. 130.

Der Laumontit findet sich in den Drusenräumen besonders auf Kalifeldspat und Desmin, meist in farblosen, weißen, stengeligen Bündeln einzelner Individuen. Selten kommen noch frische, farblose Krystalle der Combination (110) (101) vor, wie sie zuerst WEBSKY, dann TRAUBE beobachtete. Er ist äußerlich kaum vom Skolecit zu unterscheiden, mit Sicherheit nur durch die Analyse.

TRAUBE fand durch diese:

SiO^2	Al^2O^3	CaO	H^2O	Summe
51,09	21,36	11,76	15,35	99,56

Fundorte: Fuchsberge, Pilgramshain, Streitberg, Kalthaus, Tschirnitz.

43. Skolecit.

Litt.: TRAUBE, Neues Jahrbuch 1887. II. S. 67. — Ders., Die Min. Schles. Breslau 1888. S. 217.

Der Skolecit ist in seinem Auftreten (soweit ich an dem mir vorliegenden Material sehen konnte) dem Laumontit äußerlich ganz ähnlich. Er findet sich stengelig in schneeweißen Bündeln, an denen sich bisher keine Krystallflächen bestimmen ließen.

Die von TRAUBE vorgenommene Analyse ergab:

SiO^2	Al^2O^3	CaO	Na^2O	H^2O	Summe
46,48	25,53	13,38	0,68	13,69	99,76

Die Fundorte sind dieselben, die beim Laumontit erwähnt wurden; doch ist Skolecit im allgemeinen noch etwas seltener als dieser.

44. Apophyllit.

Litt.: Websky, 48. Jahresber. d. schles. Ges. 1870. S. 43. — Ders., Tscherm. Min. Mitt. 1872. S. 64. — Ders., Ztschr. d. d. geol. Ges. 1876. S. 419. — Traube, Die Min. Schlesiens. Breslau 1888. S. 16.

Websky beschrieb aus tief gelegenen Drusenräumen der Fuchsberge Pseudomorphosen von Calcit nach Apophyllit. Derselbe war entweder ganz von Calcit verdrängt, oder er bildete eine hohle Kruste, die im Innern von Calcit erfüllt war, oder es war nur noch ein Rest bei der Zersetzung übrig geblieben, der als schmutzig-weiße bröckelige Masse erschien. Websky gelang es, solche hohlen Krystalle von dem Calcit loszulösen und mit Harzlösung zu konservieren. Sie zeigten die Combination (111) (001).

Die Analyse des Rückstandes der in Essigsäure gelösten Pseudomorphose ergab nach Websky:

SiO^2	Al^2O^3	Fe^2O^3	Mn^2O^3	CaO	H^2O	Summe
39,31	14,55	19,58	2,78	17,59	6,19	100,00

doch glaubt Websky selbst, daß diese Zusammensetzung eine ganz zufällige sei.

Fundort: Die von Websky beschriebenen und die übrigen im Breslauer Museum befindlichen Stufen stammen sämtlich aus den Fuchsbergen.

45. Pilinit.

Litt.: v. Lasaulx, Neues Jahrbuch 1876. S. 358. — Groth, Die Min.-Samml. d. Univ. Straßb. 1878. S. 260. — Roth, Allgem. u. chem. Geol. II. Berlin 1883. S. 79. — Traube, Die Min. Schlesiens. Breslau 1888. S. 170.

Das Mineral wurde zum erstenmale in den Drusenräumen des Striegauer Granits durch v. Lasaulx gefunden und Pilinit (nach πιλινός, filzig) benannt.

Der Pilinit bildet feine, seidenglänzende, biegsame Nadeln von weißer, bisweilen schwach pfirsichblütroter Farbe. Kleine Individuen erscheinen auch wasserhell.

Die Nadeln sind regellos durcheinander gewachsen und bilden ein dichtes filzartiges Gewebe, wobei, was besonders unter dem Mikroskop sichtbar wird, ein Teil derselben haarförmig, oft bis zum Halbkreise, gebogen ist. Die Nadeln haben meist eine Breite von höchstens 0,005 mm, nur wenige bis 0,01 mm. Sie sind prismatisch begrenzt und durch die Ausdehnung zweier Flächen dieser Zone flach. Der Querschnitt hat die Gestalt eines langgezogenen Rhombus. Senkrecht zu den Prismen geht eine deutliche Spaltbarkeit, weniger vollkommen ist eine zweite, darauf senkrecht stehende. Bei der optischen Untersuchung erscheint das Mineral doppelbrechend. Die Richtungen der Auslöschung auf den Prismenflächen sind zu deren Längsrichtung parallel und senkrecht. In dem rhombischen Querschnitt findet die Auslöschung statt, wenn die eine Diagonale einem Nicol-Hauptschnitte parallel geht. Daraus läßt sich der Schluß ziehen, daß das Mineral rhombisch krystallisiert. Vor dem Lötrohr schäumen die Nadeln auf.

Die Analyse I, welche von Dr. Bettendorff ausgeführt wurde, ergab:

	SiO^2	Al^2O^3	Fe^2O^3	CaO	MgO	Li^2O	Na^2O	K^2O	H^2O	Summe
I.	55,70	18,04		19,51	Spur	1,18	Spur	Spur	4,97	100
II.	54,19	16,56	1,03	23,49	0,16	1,11			3,46	100

Analyse II enthält das Ergebnis einer neueren Analyse des Hrn. Prof. Dr. A. Lindner, das mir von Hrn. Prof. Dr. Hintze gütigst mitgeteilt wurde.

Das Mineral ist also ein wasserhaltiges Kalkthonerdesilicat. v. Lasaulx berechnete nach Analyse I die Formel $Ca(Li)^2$, $Al^2Si^5O^{15} + aq = 2CaO . Al^2O^3 . 5SiO^2 . H^2O$. Derselbe ist geneigt, das Mineral den Asbesten anzureihen, wofür sich auch G. v. Rath aussprach. Indessen der höchst geringe Magnesia-

Gehalt unterscheidet es durchaus von den Asbesten. Von den bisher bekannten Zeolithen unterscheidet sich das Mineral andrerseits durch den niedrigen Wassergehalt bei höherem Gehalte an Kieselsäure und Kalk. Nach dem paragenetischen Vorkommen des Minerals möchte ich eher geneigt sein, es den Zeolithen, als den Amphibolen anzureihen.

Der Pilinit kommt, wie die drei vorher genannten Mineralien, auf Kalifeldspat, Quarz, Epidot und Desmin vor. Ich fand vollkommen frischen Pilinit auf zersetztem Desmin aufsitzend.

Fundort: Fuchsberge.

46. Calcit.

Litt.: Becker, Inaug.-Dissert. Breslau 1868. S. 13. — Websky, 48. Jahresber. d. schles. Ges. 1870. S. 43. — G. v. Rath, Pogg. Ann. Bd. 144. S. 250. — Websky, Tscherm. Min. Mitt. 1872. S. 63. — Ders., Ztschr. d. d. geol. Ges. 1876. XXVIII. S. 419; 1878. XXX. S. 685. — Goldschmidt, Index d. Krystallformen I. Berlin 1886. S. 382. — Traube, Die Min. Schles. Breslau 1888. S. 42.

Websky beschrieb drei Varietäten des Calcit:

1. Pseudomorphosen nach Apophyllit. Der Kalkspat derselben bestand aus feinen, spaltbaren Aggregaten, die von dem erdigen Reste des Apophyllits nur dünn überzogen wurden.

2. Weiße Kalkspatkrystalle, auf den Pseudomorphosen aufsitzend, vielleicht die auskrystallisierte Fortsetzung der Calcitkörner der letzteren. An denselben beobachtete er $(9.8.\overline{17}.1)$, $(07\overline{7}5)$, $(10\overline{1}\overline{1})$. Traube bestimmte an solchen noch $(10\overline{1}0)$, $(21\overline{3}1)$, (0001).

Websky analysierte den in Essigsäure löslichen Teil der Pseudomorphosen (I) und den Kalkspat der aufsitzenden Krystalle (II):

	$CaCO^3$	$FeCO^3$	$MnCO^3$	Summe
I.	90,50	0,93	1,29	92,72
II.	99,35	0,36	0,31	100,02

3. Klaren honiggelben Kalkspat, der den übrigen Teil des Drusenraumes erfüllte und sich von den hellen Calcitkrystallen leicht ablösen ließ. Er hatte die merkwürdige Eigenschaft, schon bei gelinder Hitze lebhaft gelb zu phosphorescieren; durch Glühen verlor er dieselbe. Die honiggelbe Farbe schrieb WEBSKY organischer Substanz zu.

TRAUBE beobachtete den die Drusen ausfüllenden Calcit bisweilen als Schieferspat ausgebildet, der dünne, tafelförmige, mehrere cm große Krystalle der Combination $(10\bar{1}0)$ (0001) mit atlasglänzenden Spaltungsflächen bildete. In Hohlräumen des weingelben Calcits fand er säulenförmige, ebenfalls weingelbe Krystalle der Combination (1010) $(01\bar{1}2)$.

In Kalthaus fand ich in einer Druse zwischen Kalifeldspat, Quarz und Desmin rein weißen Kalkspat, der in dünnen Tafeln spaltet. Das eine Stück zeigt nach dem Innern der Druse zu die Basis (0001) groß ausgebildet. Ihre Oberfläche zeigt merkwürdige, strahlige Zeichnungen, wahrscheinlich Ätzfiguren. Ahnliche Zeichnungen auf der Basis läßt auch ein Individuum auf einer Stufe des Breslauer Museums aus dem Jahre 1876 erkennen.

Bisweilen finden sich auch in den Drusenräumen frei ausgebildete, kleine Krystalle von Calcit. Deutlich meßbare Flächen daran konnte ich jedoch nicht beobachten.

Im Streitberge fand ich eine Kalkspatausscheidung im Granit. Ein schmaler aplitischer Gang erweiterte sich zu einer größeren kugelförmigen Feldspatausscheidung, in deren Centrum ein Knoten von körnigem Calcit saß. Der Gang setzte auf beiden Seiten der Ausscheidung fort.

Der Calcit erscheint in den Drusen als das jüngste Mineral, indem er auf allen bisher genannten aufsitzt und oft die freigebliebenen Zwischenräume vollends ausfüllt. WEBSKY nahm an, daß dis meisten Drusen von ihm in dieser Weise erfüllt waren, daß er aber aus vielen durch die Tagwässer wieder ausgelaugt worden sei.

Fundorte: Fuchsberge — Kalthaus — Streitberg.

47. Malachit.

Auf einer im Jahre 1874 in den Fuchsbergen gefundenen Stufe des Breslauer Museums sitzen auf Quarz neben Kupferkies deutliche grüne Partieen von Malachit.

48. Limonit.

Litt.: FIEDLER, Die Min. Schles. Breslau 1863. S. 26. — TRAUBE, Die Min. Schles. Breslau 1888. S. 181. — Ders., Neues Jahrbuch 1887. II. S. 65.

Der Limonit tritt häufig als Verwitterungsprodukt des Pyrits auf, oft in deutlichen Pseudomorphosen. In einem Quarzgange des LEHMANNschen Bruches in den Fuchsbergen fand ich einen deutlichen Krystall von 2 bis 3 cm Durchmesser, der das herrschende Oktaëder in Combination mit dem Pyritoëder zeigt. TRAUBE beobachtete solche Pseudomorphosen zusammen mit Eisenglanz in stark zersetztem Granit eingewachsen.

49. Kaolin.

Der Kaolin erscheint als das Verwitterungsprodukt des Kalifeldspates.

50. Damourit.[1]

Litt.: TRAUBE, Die Min. Schles. Breslau 1888. S. 98.

An einer Stufe des Breslauer Museums finden sich zusammen mit Quarz feine Blättchen eines gelblichen Minerales, das als Damourit bestimmt worden ist und von TRAUBE als solcher angegeben wird.

51. Pinitoid.

Litt.: TRAUBE, Die Min. Schles. Breslau 1888. S. 171.

In dem Bruche zwischen dem Bahnhofe und dem Kreuzberge fanden sich auf dem zersetzten Granit, höchst wahr-

[1] Über Muskovit s. o. S. 34.

scheinlich durch die Zersetzung des Feldspates entstandene, kleine grünliche Partieen, die TRAUBE als Pinitoid bezeichnete.

52. Pinguit.

Litt.: TRAUBE, Die Min. Schles. Breslau 1888. S. 171.

Von einer Stufe des Breslauer Museums, die ich nicht mehr auffinden konnte, beschreibt TRAUBE „zeisiggrüne, derbe, fettig anzufühlende Massen, die bisweilen Quarzkrystalle umschließen“ als Pinguit. Ich erhielt durch Herrn VOGDT eine Stufe aus dem RODERschen Bruche zwischen dem Bahnhofe und dem Kreuzberge, bei der auf ganz zersetztem Feldspat und auf Quarz grünliche, fettig anzufühlende Überzüge sitzen. Eine nähere Untersuchung war indessen nicht möglich.

53. Psilomelan.

Litt.: FIEDLER, Die Min. Schles. Breslau 1863. S. 34. — BECKER, Inaug.-Dissert. Breslau 1868. S. 13. — GROTH, Die Min.-Samml. der Univ. Straßb. 1878. S. 117. — TRAUBE, Die Min. Schles. Breslau 1888. S. 179.

Der Psilomelan kommt in den Drusenräumen der Fuchsberge als traubige Bildungen, die bisweilen ziemlich beträchtlich sind, auf Kalifeldspat aufsitzend, vor. ZIMMERMANN beobachtete den Feldspat auch völlig damit imprägniert. TRAUBE fand kleine Quarzkrystalle im Psilomelan eingeschlossen.

Auf Gängen tritt der Psilomelan sehr häufig, namentlich als Überzug der Quarzkrystalle auf. In Järischau wurden traubige Bildungen von beträchtlichen Dimensionen zwischen den Quarzen gefunden.

Große Verbreitung hat der Psilomelan als dendritische Bildungen im Granit. Dieselben sind meist dünn, bisweilen aber erreichen sie auch eine Dicke von 1 bis 2 mm.

54. Hyalit (Opal).

Litt.: TRAUBE, Die Min. Schles. Breslau 1888. S. 151.

Im Breslauer Museum befinden sich kleine, wurmförmige Aggregate von amorpher Kieselsäure aus dem Striegauer Granit, die sich baumartig verzweigen. Gleiche Gebilde erhielt ich auch durch Herrn Vogdt. Die Oberfläche ist meist noch mit einer dünnen Schicht kohlensauren Kalkes bedeckt. Oft sitzen darauf auch kleine wasserhelle Kugeln von Hyalit. An einer Stufe des Königsberger Museums beobachtete Traube wasserhelle Überzüge von Hyalit auf Kalifeldspat. Am Streitberge fand ich auf Klüften des Granits große traubige Überzüge von grünlichem Hyalit.

Die Paragenese der Drusenmineralien.

Die Untersuchung des Verlaufes der Mineralbildung in den Drusenräumen des Striegauer Granits muß mit der Erörterung der Frage beginnen, ob die Drusen als eine primäre oder secundäre Bildung anzusehen sind, d. h. ob sie sich aus dem Magma der Hauptintrusion bildeten oder ob sie spätere Nachschübe des Magmas oder Gänge darstellen.

Im Granitgebiet zwischen Striegau und Jauer treten drei Arten von Gängen auf: die Gänge von Quarz, die von Flußspat und die Aplit-artigen Gänge. Diese Gänge verlaufen stets in vertikaler Richtung einfallend durch den ganzen Bruch. Sie sind Ausfüllungen der Spalten, welche durch die Kontraktion bei der Abkühlung des Lakkolithen entstanden, und unterscheiden sich nur durch die Art der Ausfüllung. In den Quarzgängen finden wir den Absatz der Wässer, die, aus dem Hangenden kommend, in den Spalten zirkulierten. Sie enthalten nur Quarz, bisweilen von Pyrit, seltener von Kupferkies und Zeolithen begleitet. Auch das Erz wird hier wohl als eine wässerige Bildung zu betrachten sein. Bei der Bildung der Flußspatgänge waren die von unten her durch die aufgerissenen Spalten streichenden Gase ein mitwirkender Faktor. Diese Gänge enthalten neben dem zurücktretenden Quarz hauptsächlich Flußspat und Erze, die beim Zusammentritt der von unten her streichenden Gase mit den von oben her kommenden Wässern gebildet wurden. Die pneumatolytische Entstehung dieser Gänge beweist, daß ihre Ausfüllung bald nach dem Aufreißen jener Spalten erfolgt sein muß. Noch etwas älter sind wohl die aplitischen Gänge, die eine Erfüllung der Kontraktionsspalten durch den Nachschub des jüngeren Magmas darstellen. In diesen Gängen herrscht hauptsächlich der Feldspat vor, während der Glimmer ganz zurücktritt. Sie entstanden wahrscheinlich bei der Kontraktion zuerst, die späteren Spalten wurden nur noch von Gasen durchzogen und die letzten konnten nur durch die Zufuhr der Stoffe aus dem Hangenden gefüllt werden.

Verwandt mit den aplitischen Gängen sind die Partieen eines feinkörnigen Gesteines (ich faßte diese Bildung als Schlieren zusammen), die wir am Streitberge, wo sie Granaten enthalten, und am Rennerberge bei Poischwitz (also an den Grenzen des Granitmassivs) seltener in anderen Brüchen beobachten. Sie sind augenscheinlich aus einem ähnlichen Magma erstarrt wie die aplitischen Gänge, da sie eine mit diesen übereinstimmende Gesteinsbeschaffenheit zeigen. Sie sind offenbar der saure Rest des zum größten Teile schon auskrystallisierten Magmas. In demselben Sinne stellt Zirkel diese Gebilde vom Streitberge zu seinen hysterogenetischen Schlieren (Petrogr. I. 792).

Ihrer Entstehung nach schließen sich an die zuletzt besprochenen Gebilde diejenigen Ausscheidungen an, welche die Drusen enthalten oder sich auch wohl ohne Drusen als pegmatitische Ansscheidungen im Granit finden. Gänge sind diese Ausscheidungen nicht.[1] Denn wenn sich auch die pegmatitischen Partieen bisweilen im Gestein verzweigen und manche Teile des Granits förmlich durchschwärmen, so finden sie sich doch stets vom normalen Gestein in größerer oder geringerer Entfernung völlig eingeschlossen. Aus demselben Grunde kann man sie auch nicht für Nachschübe, die späteren Ursprungs wären als das umgebende Gestein, erklären. In den Fuchsbergen ist das die Drusen umgebende Gestein bisweilen den aplitischen Schlieren ähnlich, was schon Websky (Tschermaks

[1] G. v. Rath (Ztschr. d. d. geol. Ges. 1870. XXII. S. 650. Anm.) scheint die Drusen für gangartige Vorkommen gehalten zu haben.

Min. Mitt. 1872. S. 67 f.) erwähnt. In dem die Drusen führenden Gestein liegen zweifellos primäre Ausscheidungen vor, die man ihrer Ausbildung nach als pegmatitisch bezeichnen kann. Ihre Verwandtschaft mit den aplitischen sauren Resten beweisen sie durch das Herrschen von Feldspat und Quarz und durch das Zurücktreten des Biotits.

In den Drusen treten die Mineralien ihrem paragenetischen Alter nach in der nachstehenden Reihenfolge auf.

Der Biotit ist, wie überhaupt der älteste der Gesteinsgemengteile, auch das älteste Drusenmineral. In den pegmatitischen Ausscheidungen der Drusenwand tritt er bedeutend hinter dem Feldspat und Quarz zurück. Er findet sich häufiger in dem Feldspat eingeschlossen als in freien Krystallen aus dem Feldspat der Drusenwand in die Druse hineinragend. Auch in diesem Falle ist er stets älter als die übrigen Drusenmineralien. Er kommt fast nie frisch vor, sondern ist stets stark zersetzt und hat bisweilen, wenn er in die Druse hineinragte, nur ein dünnes Skelett an seinem Platze zurückgelassen.

Die eben ausgesprochene Bezeichnung des Biotits als des ältesten Drusenminerales muß insofern eine Einschränkung erfahren, als neben ihm noch eine Reihe von Mineralien auftreten, die wir als accessorische Gemengteile des Gesteines im Granit als sehr alte Bildungen finden, Amphibol, Granat, Orthit, Zirkon, Fergusonit und Erze. Sie sind an dieser Stelle — einzelne Erze finden sich in jüngerer Bildung allerdings als Drusenmineralien — nur zufällige Gäste, von einzelnen ist überhaupt das Vorkommen in den Drusen noch zweifelhaft. Zur genauen Entscheidung der paragenetischen Verhältnisse wäre ein Material nötig, das mir bei dem überaus spärlichen Vorkommen der genannten Mineralien nicht zur Verfügung steht. Bei manchen bin ich nur auf dürftige Angaben der früheren Litteratur angewiesen, die im Punkte der Paragenese wenig zuverlässig sind.

Die Hornblende kann noch am besten als Drusenmineral neben den Biotit gestellt werden; sie findet sich genau wie dieser als ältestes Mineral in dem Feldspat der Drusenwand eingeschlossen und aus ihm in die Druse hineinragend.

Das Vorkommen des Granats in den eigentlichen Drusen ist noch nicht nachgewiesen, ich fand ihn nur in aplitischen Gängen oder in radialstengeligen Aggregaten im Gestein.

Orthit findet sich eingesprengt im Feldspat der Drusenwand. Eine Entscheidung, ob und wie er auch als spätere Bildung in den Drusen vorkommt, ist weder durch die Angabe Webskys, der ihn zusammen mit Pyrit, Magneteisen, Fergusonit und Malakon in körnigem Aphrosiderit beobachtete, noch durch ein von mir in Kalthaus gefundenes Stück möglich, bei dem er zusammen mit Quarz von dichtem Albit umschlossen wird.

Zirkon wurde als Einschluß im Granit von Traube häufig in der Nähe der Drusen beobachtet, was auf gewisse Beziehungen zu diesen hindeuten könnte. Websky fand Malakon-Krystalle in Kalifeldspat und Aphrosiderit eingewachsen.

Fergusonit wird von Traube in Kalifeldspat, von Websky in Aphrosiderit eingewachsen angegeben.

Magnetit beobachtete Websky in Aphrosiderit, ich sah ihn in Kalifeldspat eingewachsen.

Kupferkies fand sich als Einschluß im Feldspat der Drusenwand, ebenso

Magnetkies, Molybdänglanz, Arsenkies und Pyrit. Letzterer findet sich auch als jüngere Bildung auf Kalifeldspat, entsprechend dem Vorkommen von Bleiglanz und Zinkblende als jüngeren Bildungen anf Kalifeldspat und Albit.

Alle genannten Mineralien erweisen sich als Einschlüsse im Kalifeldspat älter als dieser, man müßte denn eine spätere Einwanderung in einen Hohlraum des Feldspates annehmen, wozu in den meisten Fällen kein Grund vorliegt, zumal sich, besonders von Erzen, namentlich von Pyrit, öfters deutlich begrenzte Krystalle eingeschlossen finden, die den Abdruck ihrer Form beim Herausbrechen im Kalifeldspat zurücklassen.

Der Eisenglanz findet sich auf Spalten oder Klüften in Gestalt von dünnen Schuppen oder Tafeln oder in Nestern im Granit, seltener sitzt er in den Spalten der Feldspat-Ausscheidungen, so daß er kaum als eigentliches Drusenmineral aufzufassen ist.

Der Kalifeldspat erweist sich nach dem Biotit und den genannten accessorischen Mineralien als das nächst ältere Drusenmineral, indem alle anderen Mineralien auf ihm aufsitzen. Nur der Quarz und Albit nehmen eine besondere Stellung ein, indem sie sich auch von ihm eingeschlossen finden. Als große Seltenheit beobachtete TRAUBE Neubildungen von Kalifeldspat auf Albit.

Der Quarz ist jedenfalls zum Teil schon mit dem Kalifeldspat gleichzeitig gebildet, denn seine Individuen bilden mit diesem schriftgranitische Verwachsungen und sind auch im Innern desselben bisweilen deutlich ausgebildet und in der Richtung orientiert, in der sie dann aus dem Feldspat heraus und weiter wachsen. Auch der bemerkenswerte Umstand, daß die Einlagerung des Quarzes der Zwillingsbildung des Kalifeldspates ein Hindernis zu sein scheint, deutet darauf hin, daß die Bildung von Quarz und Feldspat gleichzeitig erfolgte. Der Quarz findet sich aber ferner auch auf Krystallen oder Bruchstücken von Kalifeldspat aufsitzend, und der Umstand, daß sich auch jüngere Mineralien (hauptsächlich Epidot und Zeolithe) in Quarz eingeschlossen finden, beweist, daß sich der Quarz bis an das Ende der Mineralausscheidungen in den Drusen gebildet hat.

Der Albit findet sich in den Kalifeldspat eingewachsen, als Überzug oder in Krystallen auf dessen Flächen und Bruchflächen, oder auch frei auf der Drusenwand aufsitzend.

Auf dem Albit sitzen einige jüngere Glimmer, der Phlogopit, der Lepidolith und der Zinnwaldit. Ihr ganzes Vorkommen weist darauf hin, sie alle von gleichem Alter anzunehmen. Neben dem am häufigsten von ihnen sich findenden Lepidolith sitzen meist als charakteristische Begleitmineralien Turmalin und Flußspat. Zu diesen Glimmern wäre vielleicht auch der von TRAUBE erwähnte „Muscovit“ als Drusenmineral zu stellen. Da, wo der Kaliglimmer als Umwandelungsprodukt des Kalifeldspates erscheint, ist er aber jedenfalls bedeutend jünger.

Den Turmalin beobachtete Traube oft von Lepidolith eingeschlossen, ich fand ihn auch aufsitzend. Es folgt daraus, daß beide Mineralien gleichzeitig entstanden sein müssen. Einmal sah ich den Turmalin in die Oberfläche des darunter liegenden Albits eingewachsen.

Der Pennin sitzt ebenfalls meist auf dem Albit. Einmal beobachtete ich ihn auch auf dem Lepidolith; er würde also etwas jünger als dieser sein. Auf ihm sitzt der Flußspat, mit dem er häufig zusammen vorkommt.

Der Aphrosiderit scheint von gleichem Alter wie der Pennin zu sein. Er sitzt wie dieser meist auf Albit auf, überzieht auch öfters, da er in grösserer Menge vorkommt, Kalifeldspat und Quarz. Meist finden sich mit ihm zusammen Lithionglimmer und Flußspat, ersterer als älteres, letzterer als jüngeres Produkt.

Noch vor den Aphrosiderit müssen wohl auch die Mineralien gesetzt werden, die Websky als Drusenmineralien in Aphrosiderit eingewachsen beobachtete (wenn es nicht primäre Mineralien sind): Orthit, Zirkon, Fergusonit, sowie Magnetit und Pyrit; hierher gehören dann auch dem letzteren analog Bleiglanz und Zinkblende, die sich wie dieser als jüngere Bildungen auf Kalifeldspat und Albit aufgewachen finden.

An dieser Stelle möchte ich auch den Strigovit erwähnen. Websky ist zwar der Ansicht, daß dieser seinem Alter nach zwischen den Epidot und die Zeolithe gehöre, was mit gewissem Rechte gefolgert werden kann, wenn man ihn auf dem Epidot aufsitzend findet. Der Epidot läßt sich aber ebenso oft auf dem Strigovit aufsitzend beobachten, und bisweilen konnte ich diesen auch unter dem Flußspat finden. Von grossem Wert für die paragenetische Bestimmung des Strigovits ist auch die Beobachtung Traubes, der ihn in dem auf ihm sitzenden

Apatit eingewachsen fand. Aphrosiderit und Strigovit konnte ich nirgends zusammen beobachten.

Der Flußspat findet sich auf Kalifeldspat, Albit und Quarz aufsitzend, zuweilen auch auf Lithionglimmer, Pennin und Aphrosiderit. Auf ihm treten meist Epidot, Desmin und Zeolithe auf. Als Einschlüsse im Flußspat beobachtete v. Lasaulx feine Fäden, die er für Pilinit hielt, Traube Pennin und Epidot.

Der Beryll ist hinsichtlich seines Alters nicht genau zu bestimmen. Er erweist sich, auf Albit und Aphrosiderit aufsitzend, jünger als diese und durch den auf ihm vorkommenden Desmin älter als die Zeolithe. Die Analogie mit anderen Lagerstätten legt die Vermutung nahe, daß er auch hier ungefähr diese Stellung einnehmen wird.

Der Apatit fand sich zusammen mit Pennin, Strigovit und Chabasit auf Albit und Quarz, derart, daß er noch auf Pennin-Individuen und auf einer Strigovit-Schicht aufsaß. Eine Altersbeziehung zwischen ihm und dem Chabasit war nicht festzustellen. Es ist daher nichts Genaueres zu sagen, als daß er jünger ist als Pennin und Strigovit.

Der Titanit kann ebenfalls seinem Alter nach nicht genau bestimmt werden. Er sitzt mit Epidot zusammen auf Kalifeldspat und Albit, die von Strigovit bedeckt werden. Jedenfalls ist er jünger als der Albit, vielleicht auch jünger als Strigovit. Das Aussehen der Stufe läßt vermuten, daß er mit dem Epidot ziemlich in gleichem Alter ist.

Der Epidot sitzt auf Kalifeldspat, Albit, Aphrosiderit, Flußspat und Strigovit; in den Quarz ist er häufig eingewachsen, auch schließt er oft kleine Quarzkrystalle wie auch kleine Reste von Kalifeldspat ein, die bisweilen in Kaolin umgewandelt sind. Er ist eines der wichtigsten Drusenmineralien und überwiegt auch quantitativ die bisher genannten Mineralien zwischen ihm und dem Feldspat. Selten ist er in Flußspat, noch seltener in die oberste Schicht des Albits eingewachsen. Auf dem Epidot sitzen die Zeolithe, besonders Desmin.

Der Axinit tritt häufig mit dem Epidot zusammen auf, zuweilen ist dieser auch in ihm eingewachsen. Der Axinit sitzt meist auf Kalifeldspat und Quarz (in dessen Oberfläche er meist etwas eingesenkt ist), selten auf Albit und Aphrosiderit. Häufig ist er von Desmin bedeckt.

Der Prehnit tritt zusammen mit Epidot auf, indem er entweder auf diesem aufsitzt oder ihn umschließt, wodurch er sich jünger als der Epidot erweist. Auf ihm findet sich Desmin. Beutell giebt diesen (Neues Jahrbuch 1887. I. S. 89) als älter an, ich konnte indessen ein Belegstück zu dieser Ansicht nicht finden. Die mir vorliegenden Stücke ließen keinen Zweifel an der Bildung des Prehnits vor dem Desmin.

Der Pektolith konnte hinsichtlich seiner paragenetischen Stellung nicht bestimmt werden.

Der Chabasit sitzt auf Kalifeldspat, Quarz, Albit, Aphrosiderit, Strigovit, Flußspat und Epidot. Er findet sich namentlich in den Drusenräumen, die Albit, Aphrosiderit und hellen Desmin enthalten. Die helle Chabasit-Varietät scheint ausschließlich in diesen vorzukommen. Daneben erscheinen öfters auch Fluorit, Lithionglimmer und Turmalin.

Der Heulandit findet sich als Seltenheit auf Kalifeldspat, Quarz, Albit, Strigovit, Epidot und Axinit. Auf ihm sah ich Desmin, danach wäre er also älter als dieser. Eine genaue Bestimmung ist bei der Spärlichkeit des Materiales nicht möglich.

Der Desmin sitzt auf Kalifeldspat, Quarz, Albit, Aphrosiderit, Flußspat, Pennin, Epidot, Axinit, Chabasit und Heulandit. Die helle Varietät findet sich besonders mit Albit und Aphrosiderit, die andere besonders mit Epidot zusammen. Ein Seitenstück zu der Stufe der Straßburger Sammlung, an der Groth (Die Min.-Samml. d. Univ. Straßb. 1878. S. 195) den Desmin älter als den Epidot beobachtete, konnte ich nirgends finden.

Der Laumontit, Skolecit und Apophyllit, die übrigen in den Drusen auftretenden Zeolithe, sind jünger als der Desmin, sie finden sich besonders auf Kalifeldspat, Quarz, Albit, Flußspat, Epidot und Desmin.

Der Pilinit ist auf Kalifeldspat, Quarz, Epidot und Desmin aufgewachsen. Besonders das letztere Vorkommen scheint mir in paragenetischer Beziehung wichtig zu sein. Ich fand in einer größeren Druse in den Fuchsbergen den Pilinit auf völlig zersetztem Desmin, von dem zum Teil nur noch Spuren vorhanden waren, so daß die Vermutung sehr nahe liegt, daß sich der Pilinit auf Kosten der Zersetzung des Desmins gebildet hat. Vielleicht berechtigt dieser Umstand dazu, den Pilinit den Zeolithen anzureihen, jedenfalls gehört er wenigstens in paragenetischer Beziehung als Striegauer Drusenmineral hierher.

Als jüngstes Glied in der Reihe der Drusenmineralien erscheint der Kalkspat. Dieser sitzt auf allen bisher genannten, wenn er mit ihnen zusammen vorkommt, auf, oft füllt er den freigebliebenen Raum vollends aus. Er findet sich auch in Pseudomorphosen nach Apophyllit und in frei aufsitzenden Krystallen.

Mit dem Calcit ist die Reihe der Drusenmineralien eigentlich abgeschlossen. Es bleiben nur noch diejenigen Bildungen zu besprechen, welche die Resultate späterer Zersetzung und Umbildung von Drusenmineralien oder ganz junge Bildungen sind.

Der Malachit findet sich auf einer Stufe des Breslauer Museums auf Quarz neben dem Kupferkies, welcher in dem Feldspat der Drusenwand eingewachsen ist, in feinen grünen Büscheln aufsitzend. Es ist offenbar, daß er sich aus dem Kupferkies durch die Einwirkung kohlensaurer Wässer gebildet hat.

Der Kaolin findet sich bisweilen in Drusen als das Verwitterungsprodukt des Kalifeldspates. Es scheinen namentlich die Brocken, die einen Teil ihrer Substanz zur Epidotbildung hergegeben haben, der Umwandelung zu unterliegen.

Der Limonit erscheint sehr häufig als das Verwitterungsprodukt des Pyrits. Bisweilen sind deutliche Pseudomorphosen zu beobachten.

Verwitterungsprodukte sind wohl auch Damourit, Pinitoid und Pinguit.

Der Psilomelan ist nach den mir zur Verfügung stehenden Stufen nicht hinsichtlich seines paragenetischen Alters festzulegen. Er ist jedenfalls auch eine jüngere Bildung.

Auch der Hyalit ist wohl zu den jüngsten Bildungen zu rechnen. Im Königshainer Granit konnte ihn Woitschach (Inaug.-Dissert. Breslau 1881; XVII. Bd. der Abh. d. naturf. Ges. zu Görlitz) als neueste Bildung nachweisen.

In der Reihe der besprochenen Drusenmineralien lassen sich verschiedene Gruppen unterscheiden. Wir finden zunächst eine Anzahl von Mineralien, die zugleich als wesentliche oder accessorische Mineralien im Gestein auftreten. Auf sie folgt die Reihe der eigentlichen Drusenmineralien, in der sich zunächst ein großer Abschnitt der Mineralbildung bis zum Auftreten der Zeolithe erkennen läßt. Die Bildung der letzteren füllt eine weitere Epoche aus, an die sich dann die Bildungszeit des Kalkspates als drittes Glied anschließt, auf den nur selten einige noch jüngere Bildungen folgen. Allerdings sind die einzelnen Epochen nicht durch scharfe Grenzen von einander getrennt, die Mineralbildung geht vielmehr aus der einen allmählich in die andere über, da wir es mit einem stetig fortschreitenden Bildungsprozeß zu thun haben.

Am besten läßt sich eine bestimmte Grenze noch als Ende der Bildungsperiode der Mineralien der erstgenannten Gruppe feststellen. Diese sind die Bestandteile, welche die Drusenwand zusammensetzen. Sie bildeten sich bei der Erstarrung des Gesteines. Darauf trat als die Folge der Abkühlung die Kontraktion desselben ein, welche auch die Drusenwände teilweise zerriß und die an ihnen gebildeten großen Quarz- und Kalifeldspatkrystalle zertrümmerte. Die Bruchstücke werden von jüngeren Bildungen überheilt, an ihnen sind wir daher in der Lage eine bestimmte Altersgrenze festzulegen.

Die hauptsächlichsten Mineralien der ersten Gruppe sind

Biotit, Kalifeldspat, Quarz und Albit. Die übrigen accessorisch auftretenden Mineralien finden sich nur selten, einzelne scheinen mir überhaupt noch hinsichtlich ihres Charakters als Drusenmineralien zweifelhaft.

So besonders der Eisenglanz. TRAUBE erklärt dessen Entstehung durch die Zersetzung des Pyrits. (Danach wäre also der Eisenglanz jedenfalls der letzten Gruppe zuzuzählen.) Er stützt sich dabei auf die Thatsache, daß einmal der Granit, auf dem der Eisenglanz aufsitzt, oft bröckelig und zersetzt und namentlich der Kalifeldspat, der sich sonst in Striegau stets durch Frische auszeichnet, dabei tief braunrot gefärbt und stark zersetzt und zerfressen ist, und daß sich zweitens mit dem Eisenglanz zusammen noch bisweilen zahlreiche Pyrit-Krystalle finden, welche die umgebenden Gesteinspartieen bereits deutlich verändert haben. Den Prozeß der Zersetzung denkt er sich so, daß sich bei der Zersetzung des Pyrits auch schwefelsaures Eisenoxydul bildete, welches das Gestein durchdrang und den Feldspat veränderte.

Wenn auch die Bildung von Eisenglanz durch Zersetzung des Pyrits an anderen Stellen (z. B. auf Elba, vergl. G. v. RATH, Ztschr. d. d. geol. Ges. XXII. 1870. S. 707) durch Pseudomorphosen von Eisenglanz unbedingt erwiesen ist, so möchte ich mich doch, auch im Hinblick auf die Verschiedenheit der Vorkommen von Elba und Striegau, bei der Striegauer Fundstätte der Ansicht TRAUBES nicht anschließen. Ich habe den Eisenglanz ebenso häufig (wenn ich von den Stücken des Breslauer Museums absehe, sogar häufiger) im unzersetzten Gestein als im zersetzten gefunden. Daß der verwitternde Pyrit die Färbung und Zersetzung des Gesteines bewirkt, ist nicht zu bezweifeln. In den Fuchsbergen fand ich große Partieen einer Feldspat-Ausscheidung durch den reichlich eingewachsenen Pyrit in dieser Weise verändert, ohne auch nur eine Spur von Eisenglanz zu entdecken. Andererseits fand ich in demselben Bruche kleine Rosetten von Eisenglanz in einer Ausscheidung von Kalifeldspat, der ganz hell und durchaus frisch ist. Gegen die

Auffassung TRAUBES spricht in Striegau auch die beträchtliche Dimension mancher Aggregrate von Eisenglanz. Es wären dazu so große Mengen von Pyrit nötig, wie sie sich bisher höchstens in Quarzgängen, niemals im Granit selbst gefunden haben. Man müßte dann annehmen, daß das Eisen aus größeren Entfernungen her gewissermaßen zusammengeschwemmt worden sei, während die gerade bei den großen Partien von Eisenglanz zu beobachtende Zerstörung des Gesteines doch nur durch eine Zersetzung des Pyrits an Ort und Stelle bewirkt sein kann. Ich halte den Eisenglanz für ein Sublimationsprodukt und zwar für das Produkt einer Durchgasung bei der Gesteinsbildung, analog der Bildung des Eisenglanzes in den vulkanischen Laven, indem sich derselbe unter der Einwirkung des Wasserdampfes durch Oxydation der sublimierten Chloride bildete (vergl. ROTH, Geologie I. S. 416). Die dabei frei werdende Salzsäure kann sich an der Zersetzung des umgebenden Gesteines beteiligt haben.

Kalifeldspat, Quarz und Albit treten an der Drusenwand gleichzeitig auf. Bezüglich des in den Kalifeldspat eingewachsenen Quarzes ist kein Zweifel, daß sich derselbe zusammen mit dem Kalifeldspat bildete. Der Drusenfeldspat ist keine reine Kalifeldspatsubstanz, sondern er ist von Albitlamellen durchsetzt. Es entsteht die Frage, ob diese sich primär beim Aufbau der Krystalle einlagerten oder später ausgeschieden wurden bezw. eindrangen. G. v. RATH hält (Ztschr. d. d. geol. Ges. XXII. 1870. S. 654) für die Feldspäte des Elbaner Granits das Letztere für wahrscheinlich, auch LEHMANN scheint für den Striegauer Feldspat, indem er von Pseudomorphosen spricht, derselben Ansicht zu sein. Ist dies der Fall, so muß der Vorgang an manchen Stellen bis zur vollständigen Verdrängungs-Pseudomorphose geführt haben. Namentlich in Pilgramshain fand ich Drusen, in denen der Albit direkt an der Bildung der Drusenwand teilnimmt, er bildet mit Quarz genau dieselben schriftgranitischen Verwachsungen als der Kalifeldspat, ohne daß auch nur eine Spur von diesem darin zu entdecken wäre. Auf denselben sitzen jene Hahnenkamm-artigen Bildungen von Albit, die dann frei auf der Drusenwand aufsitzend erscheinen. Die Quarze wachsen in derselben Weise aus beiden schriftgranitischen Verwachsungen heraus und weiter. Ich trage kein Bedenken, die Bildung des Albits in diesen Verwachsungen als primär anzunehmen; dann kann man aber auch ohne Schwierigkeit die kleineren lamellaren Einlagerungen im Kalifeldspat als primär ansehen. Der Albit bedeckt zwar den Kalifeldspat in Gestalt von Krystallen und überziehenden Krusten und ist in dieser Gestalt jedenfalls als ein Absatz aus Lösungen zu betrachten; diese Bildung ist aber ziemlich jung, sie fand erst nach der mechanischen Zertrümmerung von Quarz und Kalifeldspat statt. Ein Versuch, von dieser Thatsache ausgehend, den Albit auch in den Lamellen für eingewandert anzusprechen, müßte die Entstehung der Räume im Kalifeldspat erklären, in die der Albit einwandern konnte. Ihre Auffassung als kleine Spalten, die bei der Kontraktion entstanden, wird schon durch die bloße Betrachtung der Verwachsungen, die meist unregelmäßig und lappenförmig verlaufen, hinfällig. Eine Erklärung, die eine Auslaugung der Kalifeldspat-Substanz annimmt, muß darthun, was aus der fortgeführten Substanz geworden ist. Man kann allerdings sehen, daß zur Bildung späterer Mineralien auch Kalifeldspat-Substanz verbraucht worden ist, aber diese sind sämtlich nach Beendigung der Albitausscheidung entstanden. Ich sehe daher auch die lamellare Einlagerung des Albits im Kalifeldspat als primär an. Wesentlich unterstützt wird diese Ansicht auch durch den Umstand, daß sich auf Bruchstücken von Kalifeldspat Einlagerungen von Albit beobachten ließen, die in derselben Weise von Albit überheilt wurden wie der Kalifeldspat.

Wir sehen also die Bildung des Albits ähnlich der des Quarzes verlaufen. Beide entstehen primär neben dem Kalifeldspat, aber ihre Bildung findet auch noch statt, nachdem aller Kalifeldspat sich gebildet hat, d. h. nach der beendeten Auskrystallisation des Magmas, deren Ende durch die mechanischen Wirkungen der Kontraktion des sich abkühlenden Gesteines bezeichnet wird. Es besteht zwischen Albit und Quarz nur insofern ein Unterschied, als sich der primäre Albit im Kalifeldspat leicht von dem aufsitzenden sekundären unterscheiden läßt, während der Quarz aus dem Feldspat heraus und weiter wächst. Ein ähnliches Wachstum zeigt der Albit dort, wo der jüngere auf den älteren der schriftgranitischen Verwachsung aufwächst.

Die Verhältnisse, die wir für die Bildung des jüngeren Albits annahmen, werden wir auch für die des jüngeren Quarzes annehmen und auch diesen als einen Absatz aus einer wässerigen Lösung ansehen müssen. Wo immer in Hohlräumen sich Mineralien finden, die aus wässerigen Lösungen abgesetzt sind, stammen sie, abgesehen von den aus der Tiefe heraufdringenden Thermalwässern, fast ausschließlich aus den in dem Gestein zirkulierenden Sickerwässern. Diese Wässer dringen auch nach der Erstarrung und Abkühlung eines Tiefengesteines in dessen Poren und Klüfte. Auch die Drusen des Striegauer Granits geben Zeugnis von ihrer Thätigkeit. Die Annahme, daß wir es hier etwa mit Thermalwässern, die nach der Verfestigung des Gesteines aus der Tiefe gedrungen wären, zu thun haben, ist völlig ausgeschlossen. Es zeigt sich aber zwischen der Bildung des jüngeren Albits und Quarzes und der der späteren Mineralien ein auffallender Unterschied. In den ersteren finden sich Mineralien abgesetzt, die aus keinen anderen Stoffen bestehen, als sich in ihrer unmittelbaren Nähe befinden, Natron, Thonerde und Kieselsäure; in den anderen finden wir Stoffe, die keinesfalls aus der unmittelbaren Umgebung stammen können, unter denen besonders CaO die wichtigste Rolle spielt. Die reichliche Bildung dieser späteren Mineralien lehrt uns zugleich, daß jene Stoffe reichlich zugeführt worden sein müssen. Für den Kalk wird in erster Linie an eine Auslaugung des Plagioklases gedacht werden müssen. Da nun jene Wässer, die zuerst in den Drusen Quarz und Albit absetzten, kein CaO aus dem Gestein aufgenommen haben, da vielmehr diese Auslaugung erst in späteren Perioden eintrat, so muß man annehmen, daß das Wasser, aus dem sich Quarz und Albit abschieden, nicht aus der Ferne kam, sondern schon an Ort und Stelle vorhanden war. Es war dies meiner Ansicht nach das Wasser des Magmas, das bei der Gesteinsbildung in den Partieen, die etwas später als das umgebende Gestein zu den pegmatitischen Ausscheidungen erstarrten, zusammengedrängt wurde und dort die Hohlräume entstehen ließ, die wir jetzt als Drusen beobachten. Diese Annahme läßt es auch als möglich erscheinen, daß hier unter der Einwirkung des überhitzten Wassers auf das Magma Kalifeldspat, Albit und Quarz als gleichzeitige Bildungen auftreten konnten im Widerspruch zu der strengen Reihenfolge, in der sich diese Mineralien bei der Bildung des normalen Granits aus dem Magma ausgeschieden haben. Die Lösungsfähigkeit des Wassers für Silikat und freie Kieselsäure nahm ab mit der abnehmenden Temperatur. Sobald daher nach der Festwerdung des Gesteines die Temperatur zu sinken begann, schieden sich Albit und Quarz aus. Auffallend ist, daß sich in dieser Periode der Mineralbildung fast gar kein jüngerer Kalifeldspat bildete; es enthielt also dieses Wasser offenbar nur ganz geringe Quantitäten des Kalifeldspates, so daß diese Substanz, als sich der Albit abzusetzen begann, noch gelöst bleiben und sich später auf diesen aufsetzen konnte. So erklärt sich auch die von Traube beobachtete seltene Neubildung von Kalifeldspat auf Albit.

Die Bildung des Albits geht mit dem Auftreten der Mineralien der folgenden Gruppe allmählich zu Ende. Die Bildung des Quarzes zieht sich durch die ganze Zeit der Mineralbildung hindurch. Während er sich in der eben besprochenen Epoche aus der Lösung des bei der Gesteinsbildung vorhandenen Wassers absetzte, bildete er sich später auch aus der bei der Mineralumbildung frei werdenden Kieselsäure, z. B. bei der Bildung des Epidots aus Kalifeldspat. Trotzdem wachsen die Quarzkrystalle stetig fort, ohne daß ein Stillstand beim Eintritt anderer Existenzbedingungen zu gewahren wäre.

Unter den Mineralien der zweiten Gruppe ragt an Menge und Bedeutung der Epidot hervor. Sein ganzes Vorkommen läßt keinen Zweifel, daß er sich allmählich aus wässeriger Lösung abgeschieden hat. Wir sehen ihn auf dem Kalifeldspat und Albit aufsitzen und in schönen grünen Nadeln, die sich büschelartig verzweigen, in den Drusenraum hineinwachsen. Er erscheint stets jünger als der Albit. Allerdings weist der Umstand, daß sich seine Nadeln sehr selten in der äußersten Schicht dieses Minerales festgewachsen finden, darauf hin, daß seine Bildung gegen das Ende der Albitausscheidung einzusetzen begann. Während aber der Stoff zur Albitausscheidung an Ort und Stelle vorhanden war, konnte der Epidot nur einen Teil der Substanz in dem Drusenraume selbst finden. Zwar ist die bekannte Thatsache, daß sich der Epidot gern aus dem Kalifeldspat bildet, auch hier vorzüglich zu beobachten. Die Epidotnadeln sitzen dicht auf dem Feldspat und dringen in die feinsten Ritzen desselben hinein, und die Reste der Feldspatbrocken, die zwischen dem Netze der Epidotkrystalle sitzen, beweisen, daß diese vom Epidot aufgefressen worden sind. Allein wir finden im Epidot auch Stoffe, die dem Feldspat völlig fremd sind. Das Eisen könnte der zersetzte Biotit geliefert haben, aber der größte Teil des Kalkes muß von außen her in die Druse gekommen sein. Es zeigt sich hier, wie schon erwähnt, die Thätigkeit der Sickerwässer, die sich mit dem Kalk des Plagioklases angereichert haben.

Ein weiterer Unterschied tritt bei der Vergleichung des Epidots mit den übrigen Mineralien dieser Gruppe hervor. In diesen finden sich Stoffe, die weder aus der unmittelbaren Nähe, noch aus dem Granit und auch schwerlich aus dem Hangenden stammen können. Es sind dies die Stoffe, die in Gasform von unten her empordrangen und durch die feinen Spalten des sich kontrahierenden Gesteines eingeführt wurden: Fl, B, Zr, Ti, Be, Ce, Y, Nb, Ta, P, S. Das Fluor könnte man vielleicht auch aus dem zersetztem Biotit erklären, aber einmal ist die Menge des aus dieser Quelle stammenden Fluors viel zu gering, und zweitens bleibt dabei ebenso der Grund der Zersetzung des Glimmers als die Herkunft der übrigen Stoffe völlig rätselhaft. Für die Annahme der Entstehung jener Mineralien durch Durchgasung des Gesteines spricht außer der Analogie mit anderen Lagerstätten das relative Alter dieser Bildungen. Ihre Entstehung beginnt erst, nachdem sich im Granit durch Kontraktion die Spalten gebildet haben. Turmalin findet sich vereinzelt noch in den jüngsten Albit eingewachsen. Den bedeutendsten Anteil als Mineralbildner hat das Fluor; auch die Zersetzung des Biotits ist wohl auf die Wirkung des Fluorwasserstoffs zurückzuführen. Zugleich lieferte diese Zersetzung einen Teil der Stoffe zur Bildung des Phlogopits, Zinnwaldits, Lepidoliths, Aphrosiderits, Pennins und Strigovits. Bemerkenswert ist ferner, daß die Bildung von Epidot während der Bildung dieser Mineralien nur spärlich eintritt und erst am Schlusse der Fumarolen-Thätigkeit zu größerer Bedeutung gelangt, so daß nur das jüngste der Durchgasungs-Mineralien, der Axinit, meist jünger als der Epidot erscheint. (Die Bildungszeit des Berylls kann noch nicht genau festgestellt werden.)

Während sich die meisten Durchgasungsmineralien besonders häufig in den Hohlräumen der mehr länglichen und oft auch verzweigten Ausscheidungen finden, die ein Aufreißen des sich kontrahierenden Gesteines leichter ermöglichten, findet sich der Axinit in den größeren rundlichen Drusen, die sich besonders durch ihren Reichtum an Epidot und Zeolithen auszeichnen. Dieser Umstand läßt sich mit Rücksicht auf das relativ jüngere Alter des Axinits vielleicht dahin erklären, daß die älteren Mineralien, wie Lithionglimmer, Turmalin, Flußspat und Aphrosiderit mehr eine Folge der direkten Durchgasung sind, während der Axinit erst unter der Einwirkung der Wässer, welche die Stoffe der Durchgasung in die Drusen einführten, gebildet wurde.

An den Epidot schließt sich als letztes Glied dieser Gruppe der Prehnit an, der zu den Zeolithen hinüberleitet.

Gerade dadurch, daß der Übergang zwischen den Mineralien der besprochenen Gruppe und den Zeolithen in charakteristischer Weise durch den Prehnit vermittelt wird, der auf Klüften und Blasenräumen basischer Eruptivgesteine so oft mit diesen zusammen auftritt, zeigt sich auch hier jener allmähliche Übergang aus einer Epoche der Mineralbildung in die andere, wie wir es schon beim Quarz und Albit beobachten konnten.

Eine Erklärung der paragenetischen Reihenfolge der Zeolithe läßt sich noch nicht geben. Bei der Unzulänglichkeit des Materiales hinsichtlich dieser Mineralien (mit Ausnahme des Chabasits und Desmins) mußte ich darauf verzichten, eine Gesetzmäßigkeit zu finden. Vielleicht verschaffen spätere glücklichere Funde darüber Klarheit.

Als jüngstes Glied in der Reihe der Drusenmineralien erscheint der Kalkspat. Seine Bildungszeit kann als der letzte Abschnitt der Mineralbildung in den Drusenräumen bezeichnet werden. Der Kalkspat ist jünger als alle bisher genannten Mineralien und füllt oft den in der Druse noch freigebliebenen Raum vollends aus. Websky glaubte, daß alle Drusen von Calcit ausgefüllt gewesen seien, der aber durch die Tagwässer wieder ausgelaugt worden sei. Ich halte dies nicht für unmöglich und glaube auch, daß der Kalkgehalt des Plagioklases hingereicht haben kann, die Kosten zu dieser Bildung zu bestreiten, so daß man nicht erst eine besonders reiche Zufuhr von CaO aus dem Hangenden anzunehmen braucht.

Websky glaubte die Menge von kohlensaurem Kalk nur durch eine Hypothese erklären zu können, durch die er zugleich eine Erklärung der Entstehung der Drusenräume selbst geben wollte. Er nahm an, daß der Calcit von Einschlüssen sedimentären Kalkes herrühre, die bei der Bildung des Lakkolithen in das Magma hineingerieten[1]. Gegen diese Ansicht spricht

[1] Diese von ihm zuerst in der schlesischen und dann in der deutschen geologischen Gesellschaft (Jahresber. d. schles. Ges. 1870. S. 43; Ztschr. d. d. geol. Ges. XXX. 1878. S. 685) geäußerte Ansicht wurde von G. v. Rath

der Umstand, daß der Kalkspat stets auf den anderen Mineralien aufsitzt, die den Abdruck ihrer Form in ihm zurücklassen. Der Calcit könnte dann höchstens als eine Umwandelung des Kalksteines angesehen werden, aber es müsste dann eine hindernde Wirkung des Einschlusses auf das Wachstum der übrigen Mineralien, besonders der großen Quarze und Feldspäte zu beobachten sein, da sich gewiß im Kontakt mit dem Kalk eine Anzahl von Kontaktmineralien gebildet haben würden, die wir heut als primäre Mineralien in der Drusenwand finden müssten. Dazu kommt, daß die von Websky selbst beschriebene Reihenfolge der verschiedenen Varietäten des Kalkspates deutlich den allmählichen Absatz desselben aus wässeriger Lösung erkennen läßt. Als eine solche Bildung muß der Kalkspat offenbar analog den übrigen Mineralien auch aufgefaßt werden.

Websky sagt selbst, daß er durch seine Theorie der Kalkstein-Einschlüsse nur die Entstehung eines Teiles der Drusenräume erklären könne. Die anderen erklärte er als durch die Kontraktion des Gesteines entstanden. Diese spielte in der That bei der Entstehung der Drusenräume eine wichtige Rolle. Manche Hohlräume, namentlich wohl die in den längeren schmalen Ausscheidungen, die wir besonders als Fundstätten der Durchgasungsmineralien kennen lernten, mögen auch direkt durch sie entstanden sein. Für die Erklärung der großen Drusen aber reicht sie, wie schon Websky hervorhob, nicht aus. Es trat hier noch die Wirkung des zusammengedrängten überhitzten Wassers hinzu. Gegen die Erklärung als Blasenräume eingeschlossener Dämpfe schienen Websky „die winkeligen Konturen" vieler Drusen zu sprechen. Wenn man aber bedenkt, daß die Bildung der Hohlräume in jenen Ausscheidungen vor sich ging, die etwas später erstarrten als das umgebende Gestein, so wird einerseits klar, daß sich die Dämpfe

(Pogg. Ann. 144. Bd. S. 250) zitiert und dadurch weiter bekannt, was Websky veranlasste (Tscherm. Min. Mitth. 1872), eingehender darauf zurückzukommen.

des überhitzten Wassers in diesen zusammendrängten, und daß andererseits die Bildung der Konturen nicht allein von dem nach allen Seiten gleichmäßig wirkenden Drucke des Wassers, sondern auch von der nicht an allen Stellen gleichmäßig fortschreitenden Erstarrung der Drusenwand abhängig war, auf die noch von außen her die gewiß nicht auf allen Seiten völlig gleichmäßige Kraft des sich kontrahierenden Gesteines wirkte, durch welche die an sich mehr oder minder gerundeten Formen der Drusenräume noch verzerrt wurden und zuletzt die Zertrümmerung der gebildeten Krystalle von Kalifeldspat und Quarz verursacht wurde.

Nach den gewonnenen Resultaten erhalten wir somit von dem Verlaufe der Mineralbildung ungefähr folgendes Bild.

Nachdem sich der Lakkolith unter die Schichten des Thonschiefers, an dem wir heute die Kontaktwirkungen beobachten, ergossen hatte, begann die Masse langsam zu erstarren. Der im größten Teile ruhig verlaufende Prozeß wurde nur an einzelnen Stellen durch spätere Nachschübe des jüngeren Teiles des Magmas gestört. In der Mitte des Massivs verlief die Erstarrung ganz regelmäßig und nur das verschiedene Korn, das der Granit an einzelnen Stellen aufweist, sowie ein Wechsel der Spaltungsrichtungen des Gesteines zeigt uns, daß der Druck an den einzelnen Stellen verschieden war. An den Rändern des Massivs in Osten und Westen (bei Gräben und Pilgramshain einerseits, bei Tschirnitz und Poischwitz andererseits), die nicht — wie am Streitberge — durch Nachschübe gestört wurden, war er wohl, wie vielleicht das durchschnittlich gröbere Korn des Gesteines anzeigt, relativ am geringsten, so daß hier die Erstarrung des Magmas am ruhigsten und langsamsten vor sich gehen konnte, und sich gewisse Differenzierungen bilden konnten, als deren Folgen wir die pegmatitischen Ausscheidungen sehen, in denen wir die letzten Teile des Magmas ausgeschieden finden.

Vielleicht war die Anhäufung des überhitzten Wassers schon ein Grund zu jener Differenzierung des Magmas, zum größten Teile wurde es wohl bei der Erstarrung in diese zuletzt sich verfestigenden Partieen zusammengedrängt; jedenfalls bildete sein Einschluß die großen Hohlräume, in welche die schönen Kalifeldspäte und Quarze hineinkrystallisierten. Zugleich reicherte sich dieses Wasser, das schon auf diesen Krystallisationsprozeß nicht ohne Einfluß blieb, bei der Kondensation immer mehr mit den Stoffen von Quarz und Albit an, die dann aus ihm bei der allmählichen Abkühlung wieder zur Ausscheidung gelangten. Die Abkühlung des Gesteines wurde die Ursache verschiedener Vorgänge in dem Lakkolithen. Infolge der durch sie bewirkten Kontraktion fand ein Zerreißen des Gesteines statt. Dasselbe erfolgte zum Teil in der Weise, daß die zerreißenden Teile von oben bis unten auseinanderklafften. Indem in diese Spalten direkte Nachschübe des noch flüssigen Magmas drangen, entstanden die aplitischen Gänge. Wurden sie nur von den Gasen durchstrichen, die aus der Tiefe durch das Gestein aufstiegen, so entstanden durch die Einwirkung dieser auf die von oben her kommenden Wässer die Gänge mit Flußspat und Erzen. Andere Spalten, die sich gar nicht bis in die Tiefe öffneten oder durch andere Bewegungen des sich kontrahierenden Gesteines wieder verschlossen wurden, konnten nur durch Minerallösungen, die von oben her kamen, ausgefüllt werden. So entstanden die Quarzgänge. Bei den Verschiebungen in dem sich kontrahierenden Gestein entstanden in den weniger widerstandsfähigen pegmatitischen Drusen-Ausscheidungen einerseits Risse und Spalten der Feldspat-Ausscheidungen, andererseits wurden die Drusenräume vielfach verzerrt und die Krystallbildungen ihrer Wände dabei zertrümmert; große widerstandsfähige Krystalle erlitten auch bisweilen nur Biegungen.

Durch das Zerreißen des Gesteines wurde den aus der Tiefe streichenden Gasen auch der Zugang zu den Drusen geöffnet, andere Stoffe wurden von den Wässern hereingebracht, die von oben her durch das Gestein hindurchsickerten. Anfangs waren jene Stoffe, die von den Gasen herbeigeführt wurden, gegen die anderen im Übergewicht. Wir sehen daher zuerst vorzüglich die Bildung derjenigen Mineralien, die wir als die Folgen einer solchen Durchgasung kennen. Anders war dabei der Vorgang, wo ein direktes Streichen der Gase durch die Drusenräume stattfand, als da, wo die Stoffe erst durch die Wässer, die sich in benachbarten Spalten mit ihnen angereichert hatten, in die Drusen hineingeführt wurden. Hier traten die Folgen der Durchgasung erst später ein, ihre Mineralien finden sich daher auch zusammen mit denen, die durch die Einwirkung der Sickerwässer gebildet wurden. Allmählich tritt die Bildung der Durchgasungs-Mineralien immer mehr gegen die Bildung der durch die Sickerwässer abgesetzten Silikate zurück. Eine Zeit lang beherrscht die Epidotbildung das Feld allein. Auf diese folgt die Bildung des Prehnits, der zu einer neuen Periode der Mineralbildung hinüberleitet, die durch die Bildung der Zeolithe ausgefüllt wird.

Wir müssen darauf verzichten, für den Grund dieser Reihenfolge eine befriedigende Erklärung zu finden, und uns mit der Thatsache begnügen, daß die Zeolithbildung nicht möglich war, als sich die wasserfreien Silikate abschieden, und daß andererseits mit der Bildung der Zeolithe die Bildung jener Mineralien aufhörte. Vielleicht kann die stetig abnehmende Temperatur der Grund gewesen sein. Mit der Bildung der Zeolithe geht auch die Bildung der Silikate in den Drusenräumen zu Ende. Es erscheint dann als letztes Glied in der Reihe der Drusenmineralien der Kalkspat, der allein eine letzte Periode der Mineralbildung bezeichnet.

Damit ist im wesentlichen der Bildungsprozeß der Drusenmineralien beendet. Niemand kann die Zeit feststellen, die bei seinem Verlaufe verstrichen ist, oder die zwischen seinem Ende und der heutigen Zeit liegt. Zu dieser leitet uns die Bildung einiger Verwitterungsmineralien, die wir auch jetzt noch beobachten, hinüber.

Alphabetisches Verzeichnis der Mineralien.

FSC
www.fsc.org
MIX
Papier | Fördert gute Waldnutzung
FSC® C083411

Zeitfracht Medien GmbH
Ferdinand-Jühlke-Straße 7
99095 Erfurt, Deutschland
produktsicherheit@kolibri360.de